手工坊

玩趣童装系列

乖巧童装轻松跟我学

鲁红英/编

中国纺织出版社

U0340533

内 容 提 要

　　本书精选46款可爱童装，男童、女童款式，1岁~3岁的款式，都能在本书中找到。另外书中的款式简约大气，实穿度高，可爱的小配饰代替复杂的花样，也为衣服增色不少，一起动手为宝宝织一件可爱的毛衣吧！

图书在版编目（CIP）数据

乖巧童装轻松跟我学 / 鲁红英编. — 北京：中国纺织出版社，2015.9

（手工坊玩趣童装系列）

ISBN 978-7-5180-1914-4

Ⅰ．①乖… Ⅱ．①鲁… Ⅲ．①童服—毛衣—编织

Ⅳ．①TS941.763.1

中国版本图书馆CIP数据核字（2015）第198594号

策划编辑：刘 茸 向 隽		责任印制：储志伟
责任编辑：刘 茸		封面设计：盛小静
编　委：石 榴 邵海燕		

中国纺织出版社出版发行

地址：北京市朝阳区百子湾东里A407号楼　　邮政编码：100124

销售电话：010-67004416　传真：010-87155801

http://www.c-textilep.com

E-mail:faxing@c-textilep.com

中国纺织出版社天猫旗舰店

官方微博http://weibo.com/2119887771

湖南雅嘉彩色印刷有限公司　　各地新华书店经销

2015年9月第1版第1次印刷

开本：889×1194　1 / 16　印张：10

字数：180千字　定价：29.80元

作 者 简 介

鲁红英，别名鲁丽，1986年出生于美丽的山城重庆，现居浙江桐乡。

一直以来热衷于手工编织，喜欢搭配各种各样的颜色，总会把空闲的时间利用起来，创作出一款又一款的毛衣。每次出差或者旅行总会带着我心爱的毛线，也许创作的灵感就来自于某一次的旅行或者某一瞬间。

每次看到一些退休阿姨与织女们从编织过程中收获到喜悦和成就感，我就特别地开心，让我坚定信念走我的创作之路。我有一家名为"温暖你心手工编织吧"的淘宝店，希望能够把我的创作分享给更多编织爱好者。我同时还创办了自己的编织俱乐部，希望能够把更多时尚、潮流的宝贝毛衣款式带给大家，与大家一起分享这独特的编织乐趣。

2015.7.21

本书模特

徐熙玥　邹孜安　佘羽加

Contents 目录

NO.1

荷叶领
连衣裙

编织方法见
第 81 页

NO.2

五彩花朵
腰带连衣裙

编织方法见
第82页

NO.3

玫红色
小背心

编织方法见
第 83 页

NO.4

紫色
大翻领外套

编织方法见

第85页

NO.5

双排扣
荷叶边外套

编织方法见
第 87 页

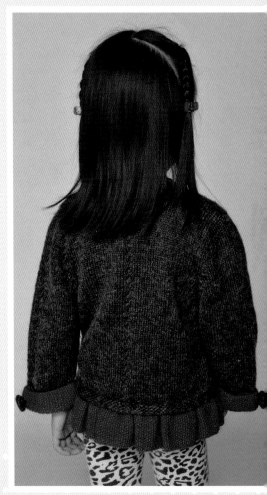

NO.6

蝴蝶结

开衫、短裙套装

编织方法见

第 89 页

NO.7

简约拼色
外套

编织方法见
第 92 页

NO.8

立体刺绣
设计款套头衫

编织方法见
第93页

NO.9

蝴蝶结
双口袋套头衫

编织方法见
第95页

NO.10

绿色桂花针
简约开衫
- - - - - - - - - - - - - - - - -
编织方法见
第 96 页

NO.11

蓝黑色
喇叭袖外套

编织方法见
第 97 页

NO.12

红色
绒线开衫

编织方法见
第 99 页

NO.13

小怪兽图案
裙摆套头衫
编织方法见
第100页

NO.14

紫色花朵
装饰开衫

编织方法见
第 101 页

NO.15

浅绿色
立体花朵开衫

编织方法见

第103页

NO.16

黄色简约
收腰连衣裙

编织方法见
第 105 页

NO.17

红色高领
短袖连衣裙

编织方法见
第 106 页

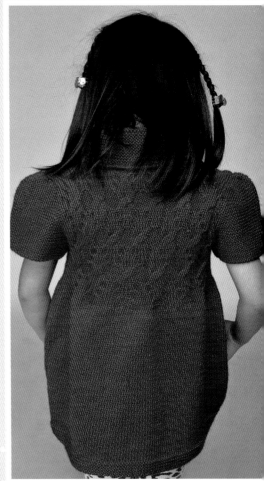

NO.18

白色泡泡袖
连衣裙

编织方法见
第 108 页

NO.19

粉色单罗纹
拼接开衫

编织方法见
第 110 页

NO.20

蓝色收腰
背心裙

编织方法见
第 111 页

NO.21

灰色贴布
口袋马甲

编织方法见
第 113 页

NO.22

蓝灰色
拼接绒线开衫
编织方法见
第 114 页

NO.23

米色
大口袋开衫

编织方法见
第 115 页

NO.24

条纹
双口袋开衫

编织方法见
第 117 页

NO.25

黄色小脚丫
配色套头衫

编织方法见
第118页

NO.26

卡其色
菱形花小背心

编织方法见
第 120 页

NO.27

褐色立体
大象图案开衫

编织方法见
第 122 页

NO.28

拼色立体
图案开衫

编织方法见
第 124 页

NO.29

爱心图案
配色开衫

编织方法见
第 125 页

NO.30

灰黑色拼色
麻花纹开衫

编织方法见
第 127 页

蓝色小鱼
配色开衫

编织方法见
第 128 页

NO.32

蓝色
横条纹开衫

编织方法见
第 131 页

彩虹条纹
配色开衫

编织方法见
第 132 页

NO.34

米色
菱格花背心

编织方法见
第 133 页

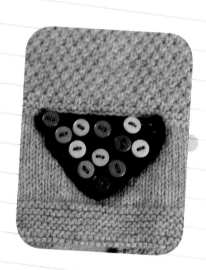

NO.35

深灰色
波浪边背心

编织方法见
第135页

NO.36

黄色
简约套头衫

编织方法见
第 136 页

NO.37

墨绿色
大口袋短裙

编织方法见
第137页

NO.38

蓝色
蝴蝶结小短裙

编织方法见
第 138 页

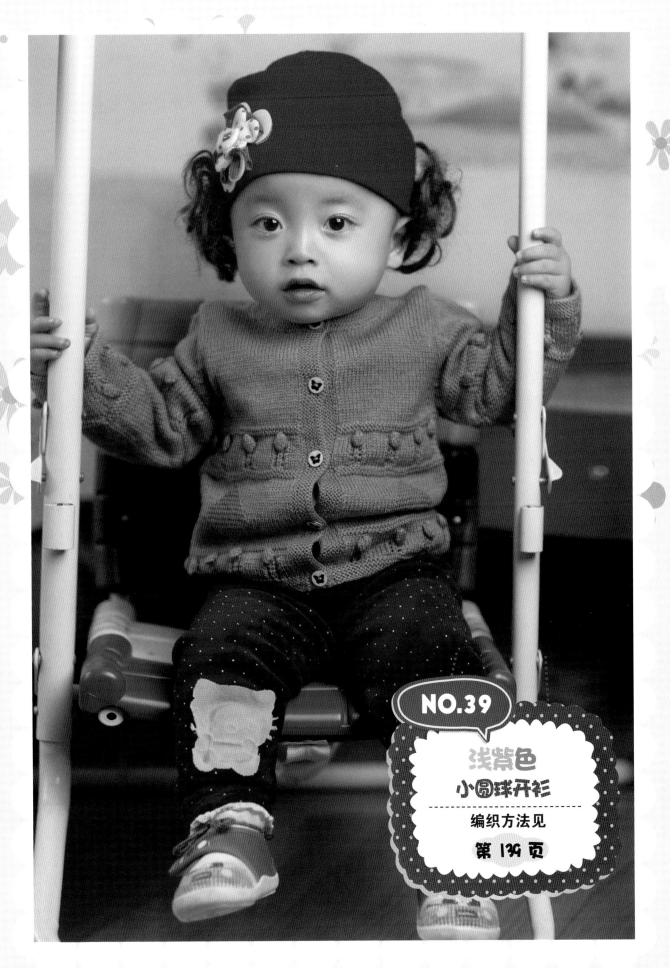

NO.39

浅紫色
小圆球开衫

编织方法见
第139页

NO.40

立体椰子树
图案套头衫

编织方法见
第 141 页

NO.41

绿色立体
小猫口袋套头衫

编织方法见
第 143 页

NO.42

米色
菱格花开衫

编织方法见
第 147 页

NO.43

蓝白色
条纹套头衫

编织方法见
第 149 页

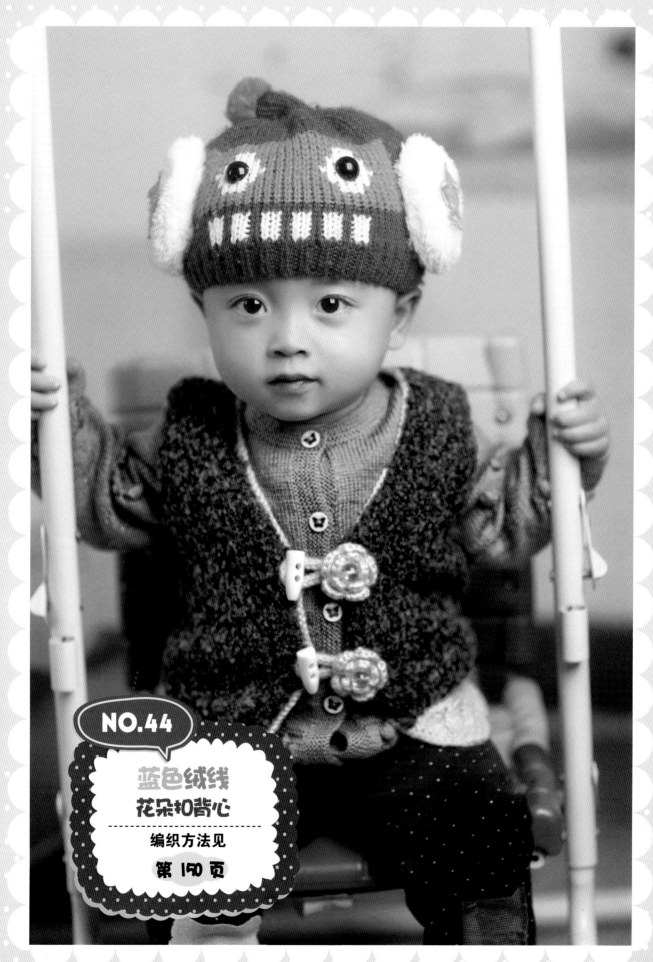

NO.44

蓝色绒线
花朵扣背心

编织方法见
第 150 页

NO.45

紫色叶子
图案开衫

编织方法见
第 152 页

NO.46

白色配绿色
带帽开衫

编织方法见

第154页

NO.1

荷叶领连衣裙

彩图见　第6页

材料：
中粗羊毛线红色150g、黑色200g、
白色50g，饰珠3颗

工具：
3.0mm、3.6mm棒针，1.75/0号钩针

成品尺寸：
衣长43.5cm、胸围69cm、背肩宽25cm、袖长34cm

编织密度：
3.6mm棒针 花样编织、下针编织
26针×38行/10cm
3.0mm棒针 上下针编织　28针×10行/10cm

结构图

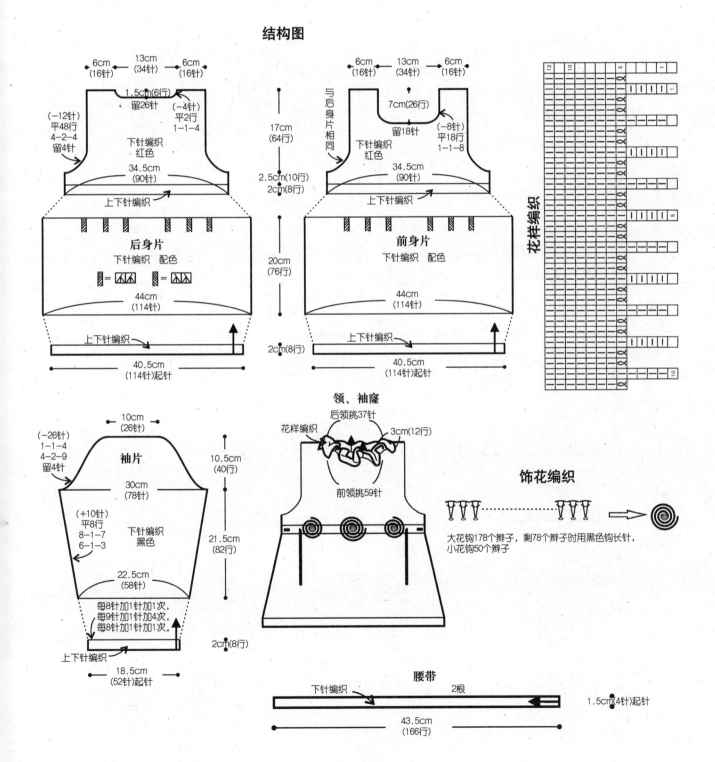

后领挑37针
花样编织　3cm(12行)
前领挑59针

饰花编织

大花钩178个辫子，剩78个辫子时用黑色钩长针，
小花钩50个辫子

腰带
下针编织　2根
43.5cm
(166行)
1.5cm(4针)起针

NO.2
五彩花朵腰带连衣裙
彩图见　第8页

材料：
中粗羊毛线白色250g、蓝色、绿色、橘黄色各适量，饰珠2颗

工具：
3.6mm、4.2mm棒针，1.75/0号钩针

成品尺寸：
衣长40cm、胸围66cm、背肩宽23cm、袖长32.5cm

编织密度：
4.2mm棒针　下针编织、双罗纹编织
20针×30行/10cm
3.6mm棒针　上下针编织　26针×38行/10cm

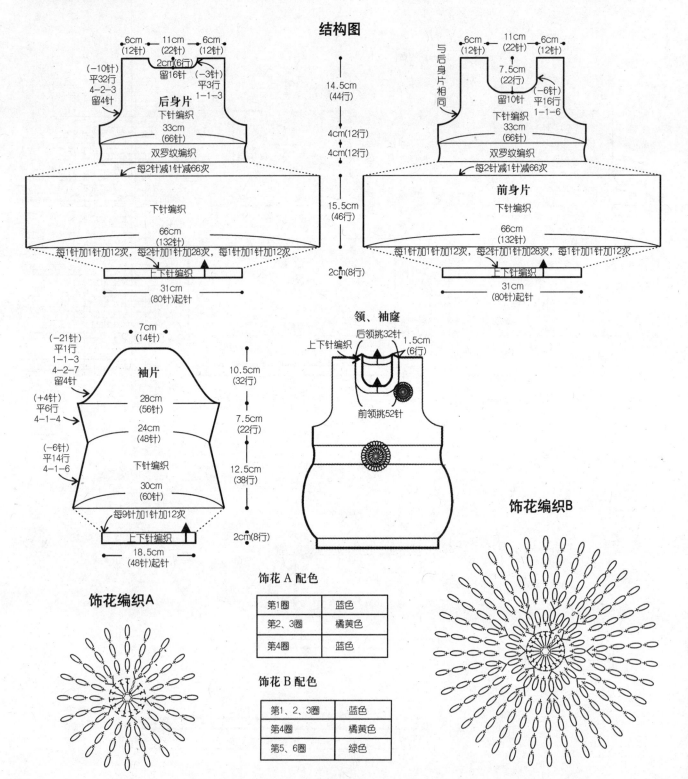

结构图

6cm（12针）　11cm（22针）　6cm（12针）
2cm（6行）
留16针
（−10针）平32行 4-2-3 留4针
（−3针）平3行 1-1-3
后身片
下针编织
33cm（66针）
14.5cm（44行）
双罗纹编织
每2针减1针减66次
4cm（12行）
下针编织
66cm（132针）
4cm（12行）
每1针加1针加12次，每2针加1针加28次，每1针加1针加12次
15.5cm（46行）
上下针编织
31cm（80针）起针
2cm（8行）

6cm（12针）　11cm（22针）　6cm（12针）
7.5cm（22行）
与后身片相同
留10针
（−6针）平16行 1-1-6
前身片
下针编织
33cm（66针）
双罗纹编织
每2针减1针减66次
下针编织
66cm（132针）
每1针加1针加12次，每2针加1针加28次，每1针加1针加12次
上下针编织
31cm（80针）起针

7cm（14针）
（−21针）平1行 1-1-3 4-2-7 留4针
袖片
28cm（56针）
10.5cm（32行）
（+4针）平6行 4-1-4
24cm（48针）
7.5cm（22行）
（−6针）平14行 4-1-6
下针编织
30cm（60针）
12.5cm（38行）
每9针加1针加12次
上下针编织
18.5cm（48针）起针
2cm（8行）

领、袖窿
后领挑32针
上下针编织
1.5cm（6行）
前领挑52针

饰花编织B

饰花编织A

饰花A配色

第1圈	蓝色
第2、3圈	橘黄色
第4圈	蓝色

饰花B配色

第1、2、3圈	蓝色
第4圈	橘黄色
第5、6圈	绿色

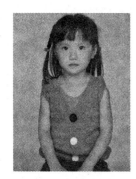

NO.3
玫红色小背心
彩图见　第10页

材料：
中粗羊毛线玫红色250g，黑色、白色、灰色、粉色各适量，直径为15mm的纽扣4颗，直径为10mm的纽扣5颗

工具：
3.6mm棒针

成品尺寸：
衣长35cm、胸围65cm、背肩宽29cm

编织密度：
花样编织A～C、上下针编织
23针×38行/10cm

结构图

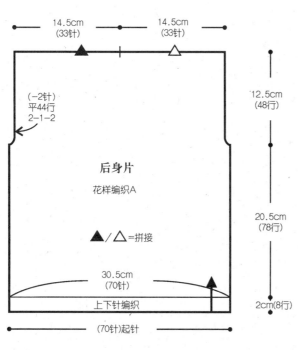

14.5cm（33针）　14.5cm（33针）

（-2针）平44行2-1-2

后身片
花样编织A

▲/△=拼接

30.5cm（70针）

上下针编织

（70针）起针

12.5cm（48行）

20.5cm（78行）

2cm（8行）

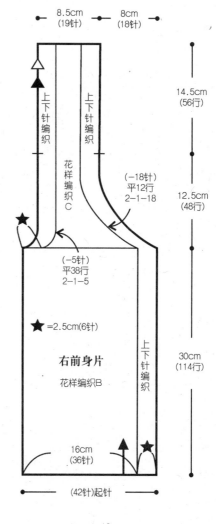

8.5cm（19针）　8cm（18针）

上下针编织　上下针编织

花样编织C

（-18针）平12行2-1-18

（-5针）平38行2-1-5

★=2.5cm（6针）

右前身片
花样编织B

上下针编织

16cm（36针）

（42针）起针

14.5cm（56行）

12.5cm（48行）

30cm（114行）

花样编织A

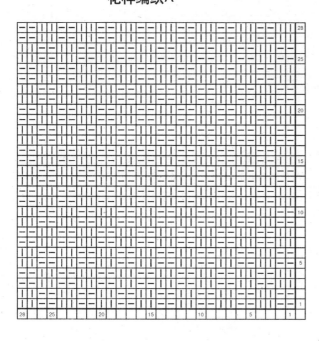

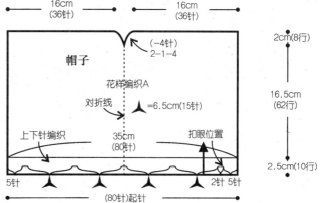

16cm（36针）　16cm（36针）

帽子

（-4针）2-1-4

花样编织A

对折线　◀=6.5cm（15针）

上下针编织

35cm（80针）

扣眼位置

5针　　　　　　　　　2针　5针

（80针）起针

2cm（8行）

16.5cm（62行）

2.5cm（10行）

花样编织B

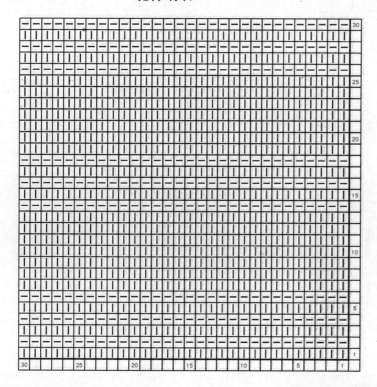

纽扣
下针编织

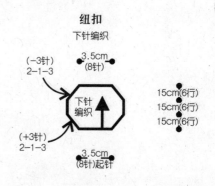

(−3针)
2−1−3

3.5cm
(8针)

下针
编织

(+3针)
2−1−3

3.5cm
(8针)起针

15cm(6行)
15cm(6行)
15cm(6行)

花样编织C

=

款式图

纽扣
扣眼位置

18行

= 8.5cm(32行)

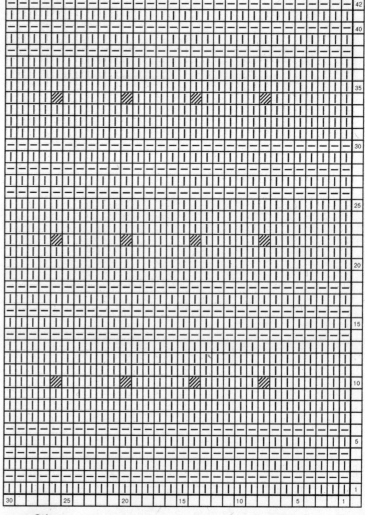

NO.4
紫色大翻领外套
彩图见　第12页

材料：
中粗羊毛线圈圈呢线紫色350g、灰色50g、直径25mm的纽扣3颗

工具：
4.8mm棒针，1.75/0号钩针

成品尺寸：
衣长41cm、胸围62.5cm、背肩宽25cm、袖长29cm

编织密度：
花样编织、上下针编织、下针编织、单罗纹编织　15针×26行/10cm

结构图

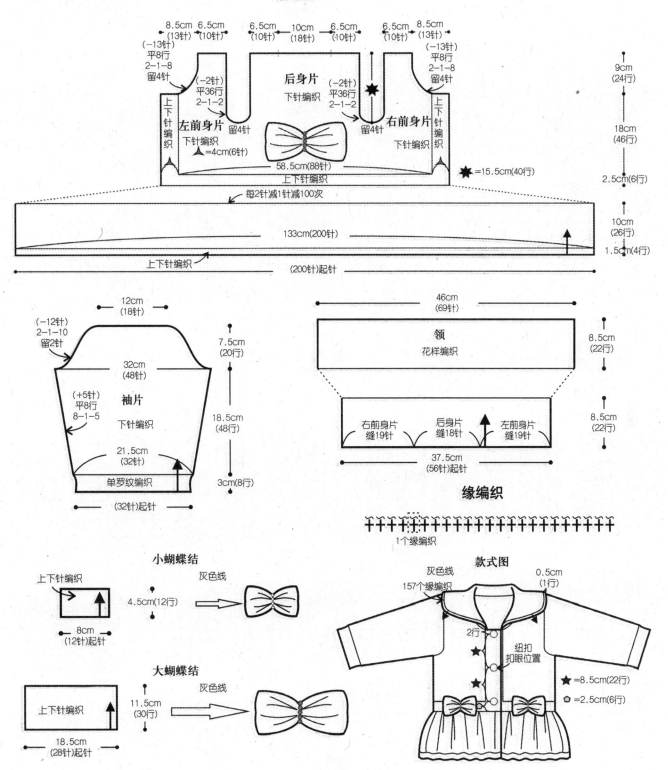

8.5cm (13针)　6.5cm (10针)　6.5cm (10针)　10cm (18针)　6.5cm (10针)　6.5cm (10针)　8.5cm (13针)

(−13针) 平8行 2-1-8 留4针

(−2针) 平36行 2-1-2

后身片 下针编织

(−2针) 平36行 2-1-2

(−13针) 平8行 2-1-8 留4针

上下针编织

左前身片 下针编织

留4针

右前身片 下针编织

上下针编织

▲=4cm(6针)

58.5cm(88针)

上下针编织

★=15.5cm(40行)

9cm(24行)

18cm(46行)

2.5cm(6行)

每2针减1针减100次

133cm(200针)

10cm(26行)

1.5cm(4行)

上下针编织

(200针)起针

袖片

12cm (18针)

(−12针) 2-1-10 留2针

32cm (48针)

7.5cm (20行)

(+5针) 平8行 8-1-5

袖片 下针编织

18.5cm (48行)

21.5cm (32针)

单罗纹编织

3cm(8行)

(32针)起针

领

46cm (69针)

领 花样编织

8.5cm (22行)

右前身片 缝19针　后身片 缝18针　左前身片 缝19针

37.5cm (56针)起针

8.5cm (22行)

缘编织

1个缘编织

小蝴蝶结

上下针编织

8cm (12针)起针

4.5cm(12行)　灰色线

大蝴蝶结

上下针编织

18.5cm (28针)起针

11.5cm (30行)　灰色线

款式图

灰色线
157个缘编织

0.5cm (1行)

2行

纽扣 扣眼位置

★=8.5cm(22行)
⬡=2.5cm(6行)

花样编织

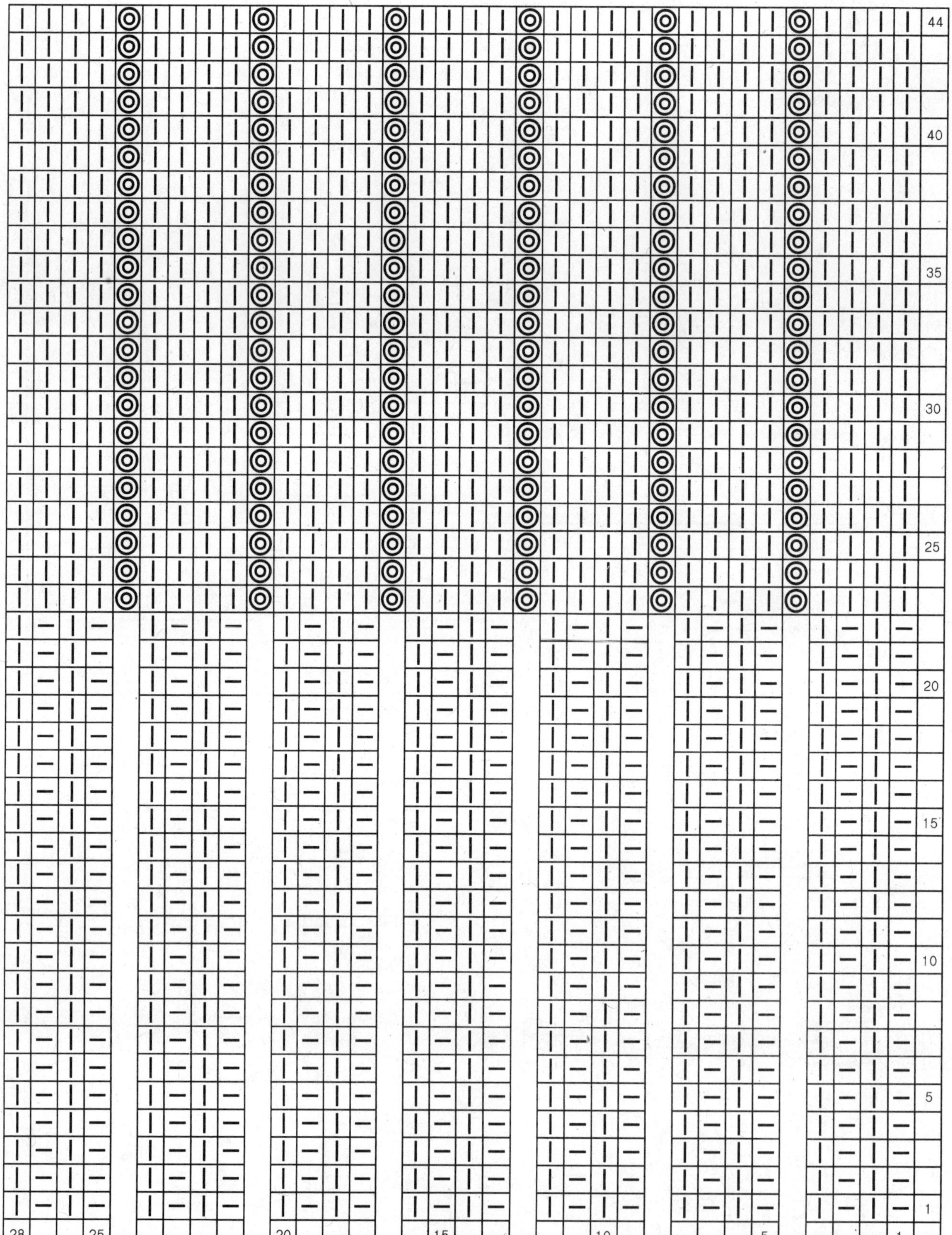

NO.5
双排扣荷叶边外套
彩图见　第14页

材料：
中粗羊毛线玫红色100g，灰色
250g，直径为30mm的饰扣4颗

2.7mm、3.3mm棒针

成品尺寸：
衣长40cm、胸围74cm、背肩宽22cm、袖长30cm

编织密度：
花样编织A、C，下针编织
28针×38行/10cm
花样编织B　32针×50行/10cm

结构图

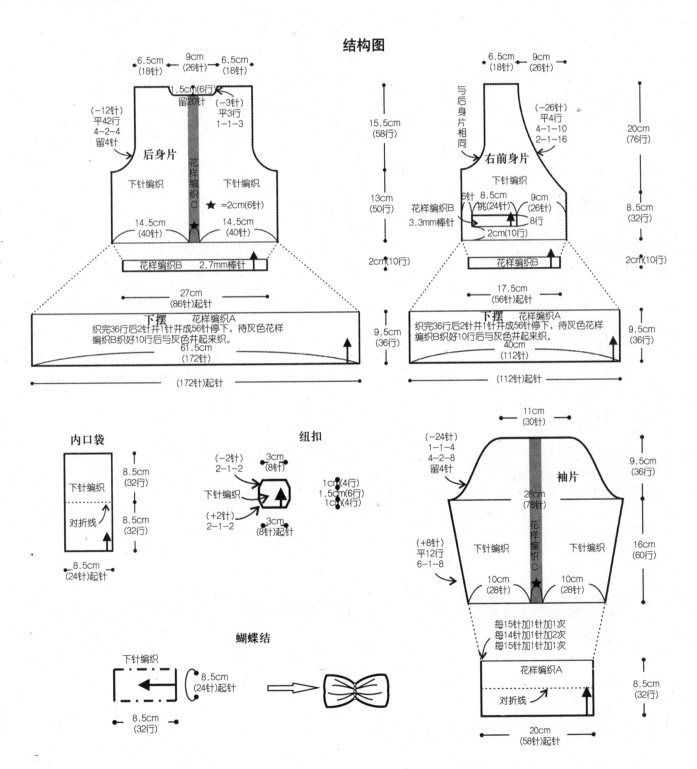

6.5cm（18针）　9cm（26针）　6.5cm（18针）

1.5cm(6行)
留20针
（－3针）
平3行
1—1—3

（－12针）
平42行
4—2—4
留4针

后身片

下针编织　　下针编织

花样编织C

★=2cm(6针)

14.5cm（40针）　14.5cm（40针）

花样编织B　2.7mm棒针

27cm（86针）起针

下摆　　花样编织A
织完36行后2针并1针并成56针停下，待灰色花样
编织B织好10行后与灰色并起来织。

61.5cm（172针）

（172针）起针

15.5cm（58行）

13cm（50行）

2cm(10行)

9.5cm（36行）

6.5cm（18针）　9cm（26针）

与后身片相同

（－26针）
平4行
4—1—10
2—1—16

右前身片

下针编织

花样编织B
3.3mm棒针

6针　8.5cm（挑）（24针）　9cm（26针）
8行
2cm(10行)

花样编织B

17.5cm（56针）起针

下摆　花样编织A
织完36行后2针并1针并成56针停下，待灰色花样
编织B织好10行后与灰色并起来织。

40cm（112针）

（112针）起针

20cm（76行）

8.5cm（32行）

2cm(10行)

9.5cm（36行）

内口袋
下针编织
对折线
8.5cm（32行）
8.5cm（32行）
8.5cm（24针）起针

纽扣
（－2针）
2—1—2
3cm（8针）
下针编织
（+2针）
2—1—2
3cm（8针）起针
1cm(4行)
1.5cm(6行)
1cm(4行)

蝴蝶结
下针编织
8.5cm（24针）起针
8.5cm（32行）

11cm（30针）

（－24针）
1—1—4
4—2—8
留4针

袖片

28cm（78行）

花样编织C

下针编织　　下针编织

（+8针）
平12行
6—1—8

10cm（28针）　10cm（28针）

★

每15针加1针加1次
每14针加1针加2次
每15针加1针加1次

花样编织A

对折线

20cm（58针）起针

9.5cm（36行）

16cm（60行）

8.5cm（32行）

花样编织A

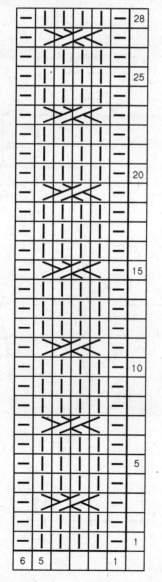

（左图为花样编织A，右上为花样编织B，右下为款式图）

花样编织A 图表刻度：
10
5
1
10　　5　　1

花样编织B

10
5
1
14　　10　　5　　1

花样编织C

28
25
20
15
10
5
1
6 5　　1

款式图

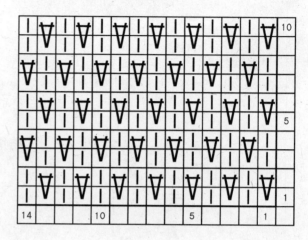

后领挑32针
花样编织B
1.5cm(8行)
前领挑64针
扣眼位置　3针
22针　　12针
8.5cm(32行)

NO.6
蝴蝶结开衫、短裙套装
彩图见 第16页

材料:

上衣 中粗羊毛线橘黄色200g, 直径为20mm的纽扣1颗 , 饰扣1颗

裙子 中粗羊毛线黑色150g、橘红色适量, 彩色饰珠若干颗

工具:

上衣 3.6mm、3.9mm棒针 裙子 3.6mm棒针 2.5/0钩针

成品尺寸:

上衣 衣长33.5cm、胸围53.5cm、肩袖长24cm

裙子 裙长22cm、臀围62cm

编织密度:

上衣
3.6mm棒针 上下针编织
26针×38行/10cm
3.9mm棒针 花样编织A～D, 下针编织
26针×30行/10cm

裙子
3.6mm棒针 花样编织E、F, 上下针编织,
下针编织, 双罗纹编织 26针×38行/10cm

结构图

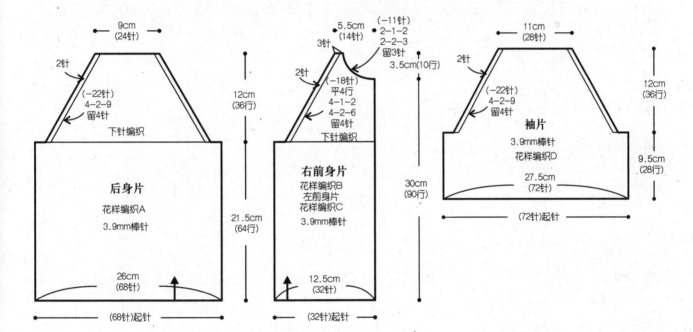

款式图

后领挑22针
右肩挑26针
2.5cm(8行)
右前领挑14针
纽扣位置
1行上针编织
7行下针编织
双罗纹编织
衣襟挑78针
2.5cm(8行)

纽扣编织

小蝴蝶结

上下针编织 3.6mm棒针
1.5cm(6行)
4.5cm(12针)起针

花样编织A、B、C、D

花样编织D

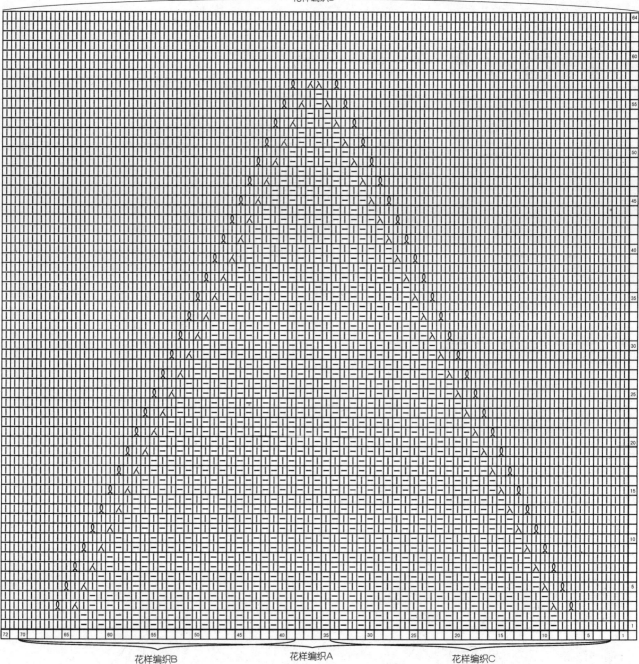

花样编织B　　　　　　花样编织A　　　　　　花样编织C

裙子款式图

花样编织E

裙子

结构图

双罗纹编织
对折线

后裙片

下针编织
3.6mm棒针

31cm
(80针)

花样编织E

(80针)起针

7cm
(26行)

17cm
(64行)

1.5cm(6行)

双罗纹编织
对折线

前裙片

花样编织F
3.6mm棒针

31cm
(80针)

(80针)起针

7cm
(26行)

18.5cm
(70行)

大蝴蝶结

下针编织
3.6mm棒针

10.5cm
(40行)

14cm
(36针)起针

小蝴蝶结

上下针编织

3.6mm棒针

1.5cm(6行)

4.5cm
(12针)起针

花样编织F   裙子

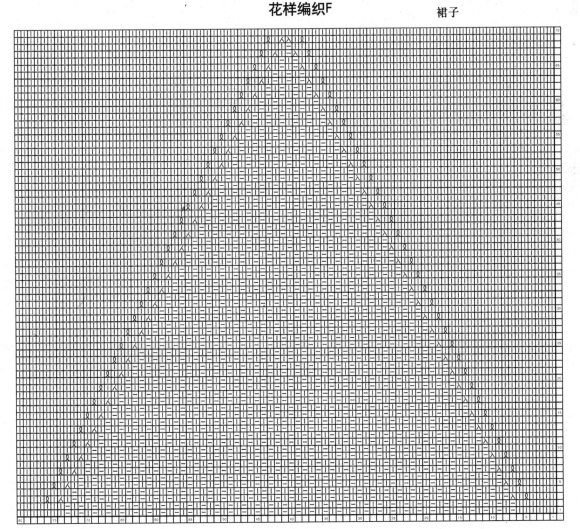

NO.7
简约拼色外套
彩图见　第18页

工具：
4.2mm、4.8mm棒针，1.75/0号钩针

成品尺寸：
衣长37cm、胸围58.5cm、背肩宽22cm、袖长29.5cm

材料：
中粗羊毛线玫红色200g、白色100g，直径为15mm的纽扣5颗

编织密度：
4.2mm棒针 花样编织　　22针×29行/10cm
4.8mm棒针 双罗纹编织、下针编织、
上下针编织　　20针×24行/10cm

结构图

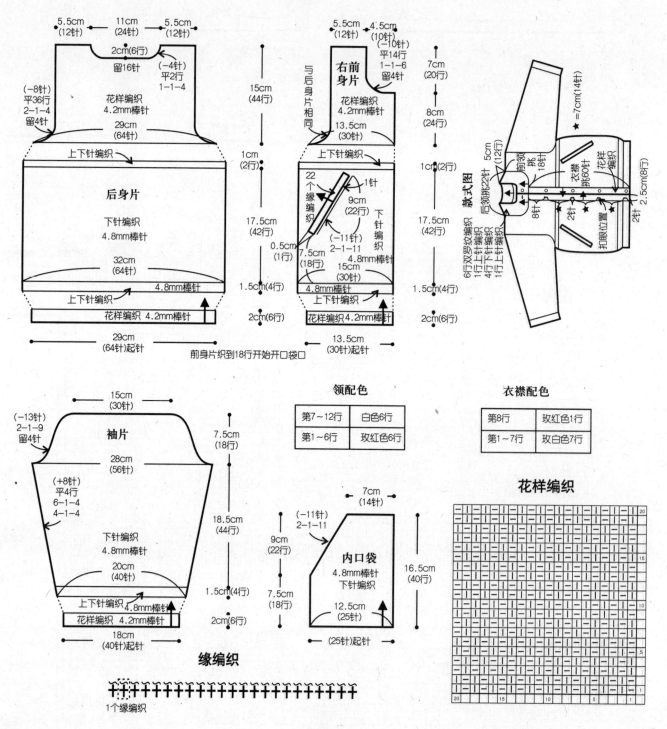

后身片

5.5cm（12针）　11cm（24针）　5.5cm（12针）
2cm(6行)
留16针
(−4针)
平2行
1−1−4
(−8针)
平36行
2−1−4
留4针
花样编织
4.2mm棒针
29cm（64针）
上下针编织
后身片
下针编织
4.8mm棒针
32cm（64针）
4.8mm棒针
上下针编织
花样编织　4.2mm棒针
29cm（64针）起针

15cm（44行）
1cm（2行）
17.5cm（42行）
1.5cm(4行)
2cm(6行)

前身片织到18行开始开口袋口

右前身片
5.5cm（12针）　4.5cm（10针）
平14行
1−1−6
留4针
与后身片相同
花样编织
4.2mm棒针
13.5cm（30针）
上下针编织
22个缘编织
1针
9cm（22行）
(−11针)
2−1−11
7.5cm（18行）
下针编织
4.8mm棒针
15cm（30针）
上下针编织
花样编织4.2mm棒针
13.5cm（30针）起针
0.5cm（1行）

7cm（20行）
8cm（24行）
1cm(2行)
17.5cm（42行）
1.5cm(4行)
2cm(6行)

款式图
=7cm（14针）
★
后领挑22针　5cm（12行）
前领挑18针
衣襟挑60针
花样编织
6行双罗纹编织
1行上下针编织
4行上下针编织
1行上下针编织
2针
2针　2.5cm（8行）
扣眼位置

袖片
15cm（30针）
(−13针)
2−1−9
留4针
袖片
28cm（56针）
(+8针)
平4行
6−1−4
4−1−4
下针编织
4.8mm棒针
20cm（40针）
上下针编织 4.8mm棒针
花样编织　4.2mm棒针
18cm（40针）起针
7.5cm（18行）
18.5cm（44行）
1.5cm(4行)
2cm(6行)

内口袋
7cm（14针）
(−11针)
2−1−11
9cm（22行）
内口袋
4.8mm棒针
下针编织
12.5cm（25针）
（25针）起针
7.5cm（18行）
16.5cm（40行）

领配色
第7~12行	白色6行
第1~6行	玫红色6行

衣襟配色
第8行	玫红色1行
第1~7行	玫白色7行

花样编织

缘编织
1个缘编织

NO.8
立体刺绣设计款套头衫

彩图见 第20页

材料：
中粗羊毛线绿色200g、黑色100g、
白色50g，玫红色、粉色、黄色各
适量，彩色饰珠适量

工具：
3.0mm、3.6mm棒针，1.75/0号钩针

成品尺寸：
衣长36cm、胸围64cm、背肩宽31cm、袖长21.5cm

编织密度：
3.0mm棒针 花样编织A　30针×44行/10cm
3.6mm棒针 花样编织B、C、D，下针编织
27针×35行/10cm

结构图

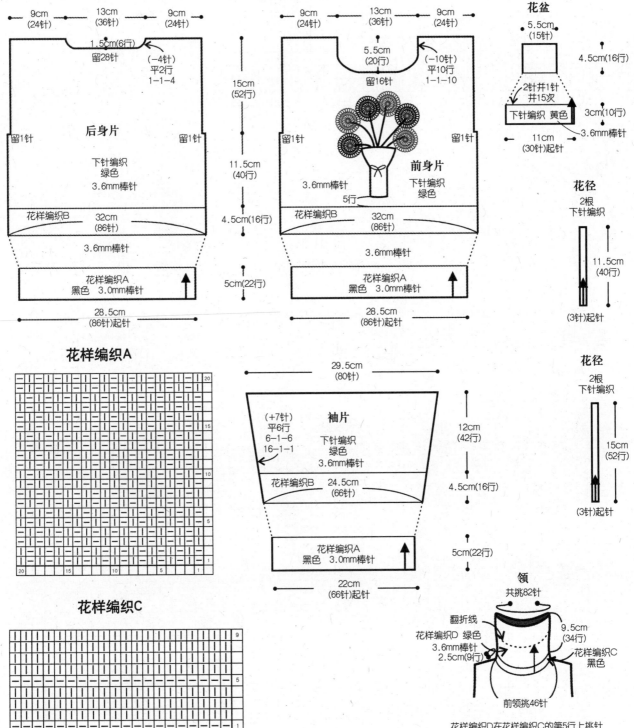

花样编织B

○=白色下针编织 　 |=黑色下针编织

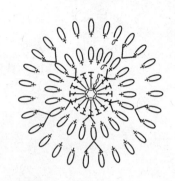

饰花编织

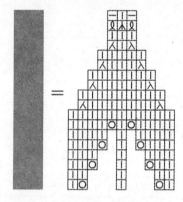

花样编织D

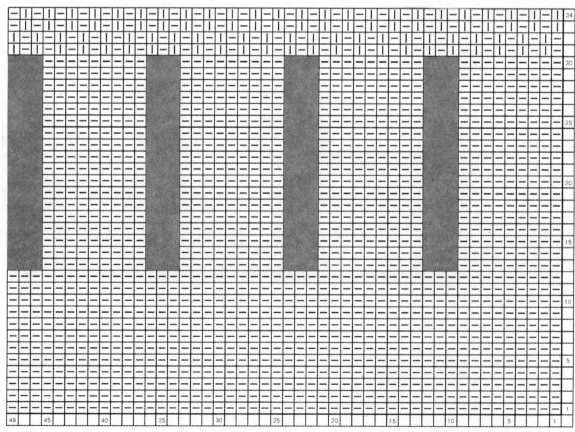

NO.9
蝴蝶结双口袋套头衫

彩图见 第22页

材料：
中粗羊毛线花色线150g、米色
50g，彩色饰珠适量

工具：
3.0mm、3.6mm、4.2mm棒针

成品尺寸：
衣长37.5cm、胸围65cm、背肩宽23.5cm、袖长34.5cm

编织密度：
4.2mm棒针 下针编织、上下针编织、单罗纹编织
20针×26行/10cm
3.0mm棒针 上下针编织 30针×40行/10cm
3.6mm棒针 上下针编织 29针×36行/10cm
下针编织 29针×36行/10cm

结构图

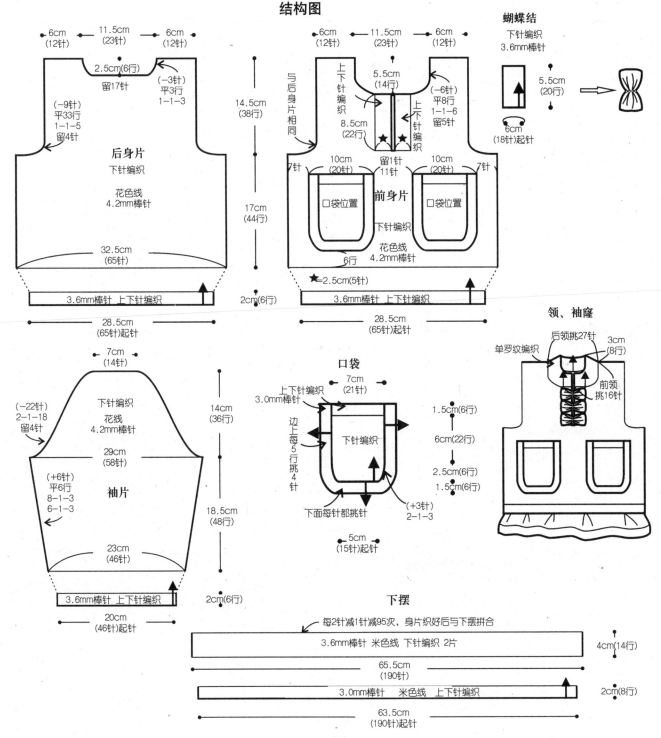

NO.10
绿色桂花针简约开衫
彩图见　第24页

材料：
中粗羊毛线绿色250g，直径为25mm
的纽扣3颗，小鱼形纽扣4颗，白色
饰珠5颗

工具：
3.9mm、4.5mm棒针，1.75/0号钩

成品尺寸：
衣长38cm、胸围63.5cm、背肩宽22cm、袖长32cm

编织密度：
4.5mm棒针　花样编织　　21针×28行/10cm
3.9mm棒针　下针编织　　24针×32行/10cm

结构图

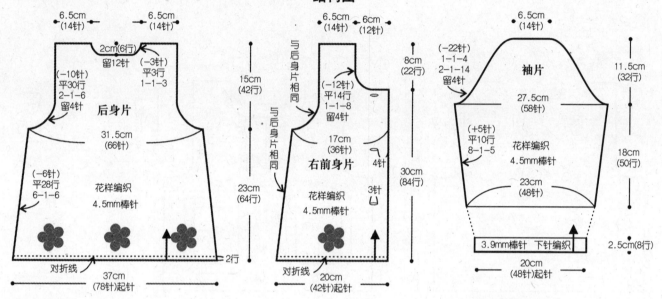

后身片
6.5cm（14针）　6.5cm（14针）
2cm(6行) 留12针
（-10针）平30行 2-1-6 留4针
（-3针）平3行 1-1-3
31.5cm（66针）
花样编织 4.5mm棒针
（-6针）平28行 6-1-6
对折线　37cm（78针）起针　2行
15cm（42行）
23cm（64行）

右前身片
6.5cm（14针）　6cm（12针）
与后身片相同
（-12针）平14行 1-1-8 留4针
17cm（36针）
花样编织 4.5mm棒针
对折线　20cm（42针）起针
8cm（22行）
30cm（84行）
4针
3针

袖片
6.5cm（14针）
（-22针）1-1-4 2-1-14 留4针
27.5cm（58针）
（+5针）平10行 8-1-5
花样编织 4.5mm棒针
23cm（48针）
3.9mm棒针　下针编织
20cm（48针）起针
11.5cm（32行）
18cm（50行）
2.5cm(8行)

前身片装饰编织

花样编织

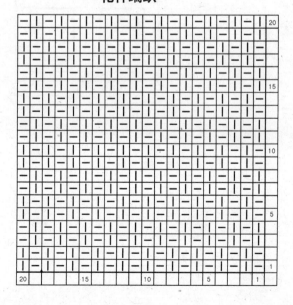

饰花编织

●=串珠位置

款式图

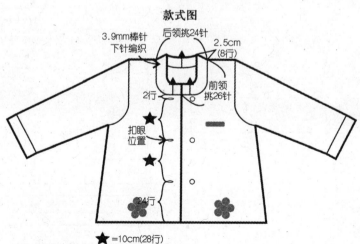

3.9mm棒针下针编织
后领挑24针
2.5cm（8行）
前领挑26针
2行
扣眼位置
24行
★=10cm(28行)

NO.11
蓝黑色喇叭袖外套
彩图见 第26页

材料：
中粗羊毛线黑色50g、蓝黑色花线
150g、细线黑色100g，直径为25mm
的纽扣3颗，饰扣3颗

工具：
3.6mm、4.2mm棒针，1.75/0号钩针

成品尺寸：
衣长40cm、胸围67.5cm、背肩宽25cm、袖长31cm

编织密度：
4.2mm棒针 花样编织、上下针编织、下针编织
20针×29行/10cm
3.6mm棒针 双罗纹编织 27针×29行/10cm

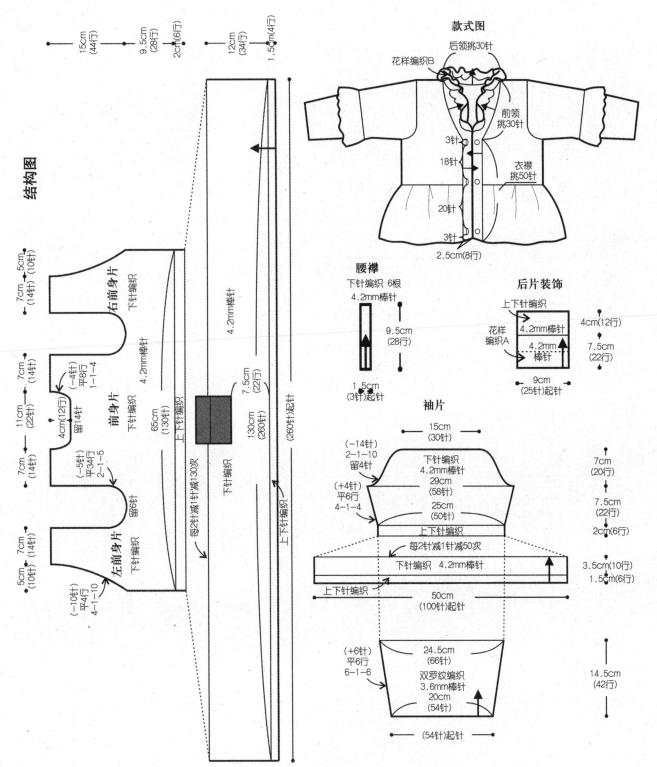

花样编织A

胸前饰花编织

1.75/0号钩针

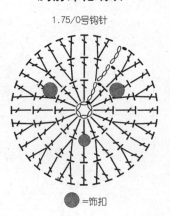

●=饰扣

花样编织B

NO.12
红色绒线开衫
彩图见 第28页

工具：
3.6mm、4.5mm棒针，1.75/0号钩针

成品尺寸：
衣长40cm、胸围73cm、背肩宽26.5cm、袖长33cm

材料：
中粗羊毛线灰色100g、红色圈圈呢300g，直径为25mm的纽扣3颗，饰珠8颗

编织密度：
4.5mm棒针 下针编织　　16针×28行/10cm
3.6mm棒针 上下针编织　　23针×40行/10cm

结构图

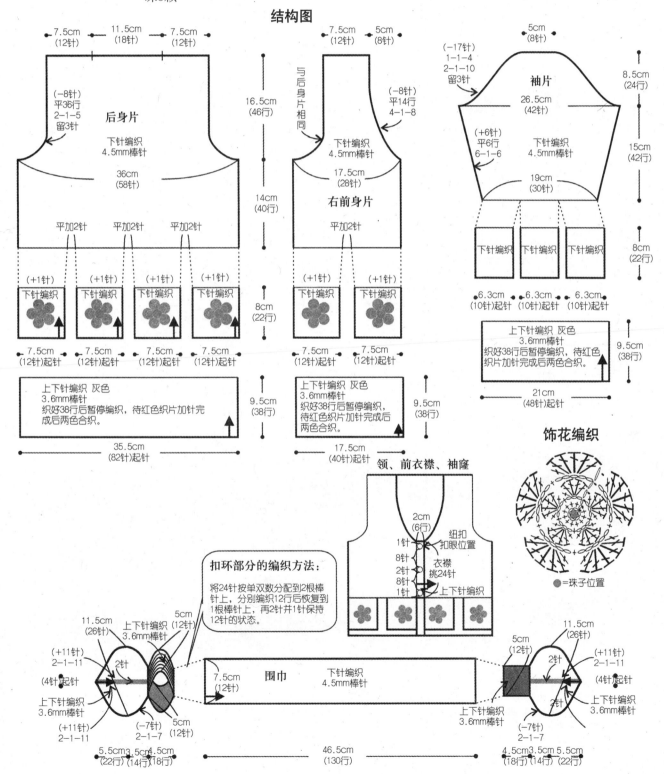

后身片
下针编织
4.5mm棒针
36cm（58针）

7.5cm（12针）　11.5cm（18针）　7.5cm（12针）

（−8针）平36行 2−1−5 留3针

16.5cm（46行）

14cm（40行）

平加2针　平加2针　平加2针　平加2针

（+1针）下针编织

8cm（22行）

7.5cm（12针）起针（×4）

上下针编织 灰色
3.6mm棒针
织好38行后暂停编织，待红色织片加针完成后两色合织。
35.5cm（82针）起针

9.5cm（38行）

右前身片
下针编织
4.5mm棒针
17.5cm（28针）

7.5cm（12针）　5cm（8针）

与后身片相同

（−8针）平14行 4−1−8

平加2针

（+1针）下针编织

7.5cm（12针）起针（×2）

上下针编织 灰色
3.6mm棒针
织好38行后暂停编织，待红色织片加针完成后两色合织。
17.5cm（40针）起针

9.5cm（38行）

袖片
下针编织
4.5mm棒针
26.5cm（42针）

5cm（8针）

（−17针）1−1−4 2−1−10 留3针

8.5cm（24行）

（+6针）平6行 6−1−6

15cm（42行）

19cm（30针）

下针编织　下针编织　下针编织

8cm（22行）

6.3cm（10针）起针（×3）

上下针编织 灰色
3.6mm棒针
织好38行后暂停编织，待红色织片加针完成后两色合织。
21cm（48针）起针

9.5cm（38行）

饰花编织

领、前衣襟、袖窿

2cm（6行）
1针
8针
2针
8针
1针

纽扣扣眼位置
衣襟挑24针
上下针编织

●=珠子位置

扣环部分的编织方法：
将24针按单双数分配到2根棒针上，分别编织12行后恢复到1根棒针上，再2针并1针保持12针的状态。

围巾
下针编织
4.5mm棒针

7.5cm（12针）

11.5cm（26针）　上下针编织 3.6mm棒针　5cm（12针）
（+11针）2−1−11
2针
（4针）起针
上下针编织 3.6mm棒针
（+11针）2−1−11
（−7针）2−1−7
5cm（12针）
5.5cm（22行）3.5cm（14行）4.5cm（18行）

46.5cm（130行）

5cm（12针）
11.5cm（26针）
（+11针）2−1−11
2针
上下针编织 3.6mm棒针
（+11针）2−1−11
（−7针）2−1−7
4.5cm（18行）3.5cm（14行）5.5cm（22行）

NO.13
小怪兽图案裙摆套头衫
彩图见　第30页

材料：
中粗羊毛米色150g，墨绿色50g，
直径为10mm的橙色纽扣6颗，黑色
饰珠12颗

工具：
3.9mm、4.5mm棒针，1.75/0号钩针

成品尺寸：
衣长36cm、胸围65cm、背肩宽23.5cm、袖长33.5cm

编织密度：
3.9mm棒针 下针编织、上下针编织
21针×32行/10cm
4.5mm棒针 下针编织　　20针×26行/10cm

结构图

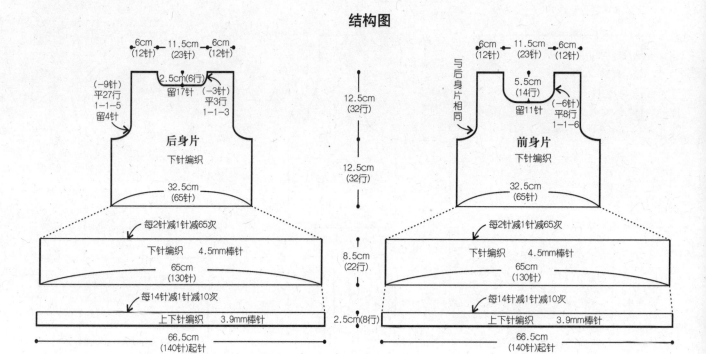

6cm（12针）　11.5cm（23针）　6cm（12针）

2.5cm（6行）　留17针　（−3针）平3行 1−1−3

（−9针）平27行 1−1−5 留4针

后身片
下针编织

32.5cm（65针）

每2针减1针减65次

下针编织　4.5mm棒针
65cm（130针）

每14针减1针减10次

上下针编织　3.9mm棒针

66.5cm（140针）起针

6cm（12针）　11.5cm（23针）　6cm（12针）

5.5cm（14行）　留11针　（−6针）平8行 1−1−6

与后身片相同

前身片
下针编织

32.5cm（65针）

每2针减1针减65次

下针编织　4.5mm棒针
65cm（130针）

每14针减1针减10次

上下针编织　3.9mm棒针

66.5cm（140针）起针

12.5cm（32行）

12.5cm（32行）

8.5cm（22行）

2.5cm（8行）

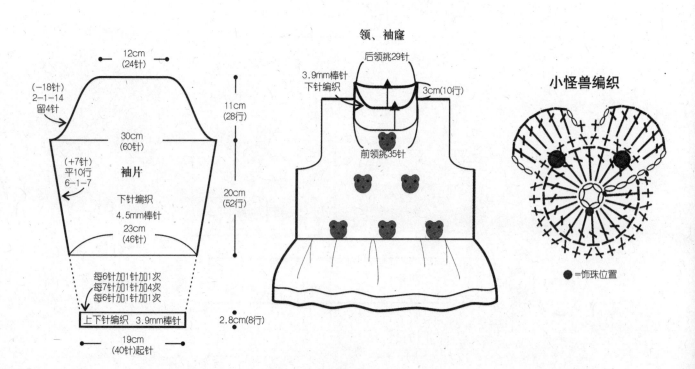

12cm（24针）

（−18针）2−1−14 留4针

30cm（60针）

袖片
下针编织
4.5mm棒针

（+7针）平10行 6−1−7

23cm（46针）

每6针加1针加1次
每7针加1针加4次
每6针加1针加1次

上下针编织　3.9mm棒针

19cm（40针）起针

11cm（28行）

20cm（52行）

2.8cm（8行）

领、袖窿

后领挑29针

3.9mm棒针
下针编织

3cm（10行）

前领挑35针

小怪兽编织

● ＝饰珠位置

NO.14
紫色花朵装饰开衫
彩图见　第32页

材料：
中粗羊毛线紫色250g、白色50g，
直径为15mm的纽扣5颗，饰珠2颗

工具：
3.3mm棒针，1.75/0号钩针

成品尺寸：
衣长35cm、胸围72.5cm、背肩宽25.5cm、袖长30.5cm

编织密度：
花样编织A～C、下针编织　27针×32行/10cm
上下针编织　27针×40行/10cm

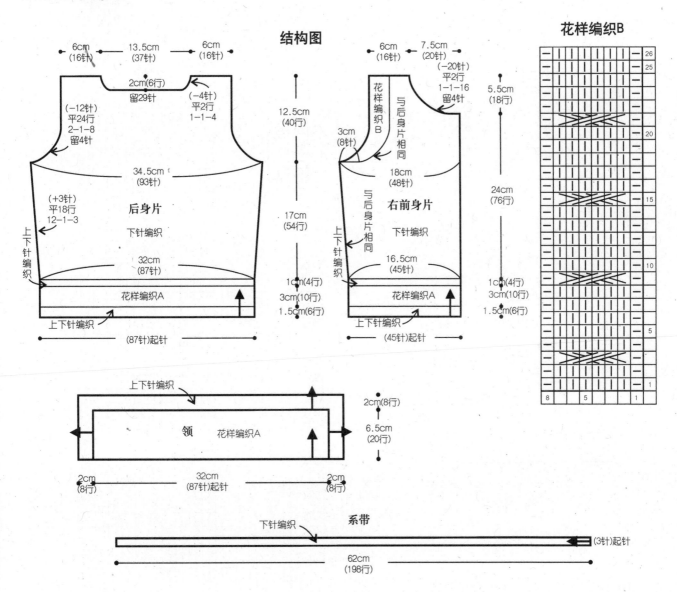

结构图

花样编织B

后身片
6cm（16针）　13.5cm（37针）　6cm（16针）
2cm(6行) 留29针
（-4针）平2行 1-1-4
（-12针）平24行 2-1-8 留4针
34.5cm（93针）
后身片　下针编织
（+3针）平18行 12-1-3
上下针编织
32cm（87针）
花样编织A
上下针编织
（87针）起针
12.5cm（40行）
17cm（54行）
1cm(4行)
3cm(10行)
1.5cm(6行)

右前身片
6cm（16针）　7.5cm（20针）
（-20针）平2行 1-1-16 留4针
花样编织B
5.5cm（18行）
3cm（8针）
与后身片相同
18cm（48针）
与后身片相同
右前身片　下针编织
上下针编织
16.5cm（45针）
花样编织A
上下针编织
（45针）起针
24cm（76行）
1cm(4行)
3cm(10行)
1.5cm(6行)

领
上下针编织
领　花样编织A
2cm（8行）
6.5cm（20行）
2cm（8行）　32cm（87针）起针　2cm（8行）

系带
下针编织
系带
62cm（198行）
（3针）起针

花样编织A

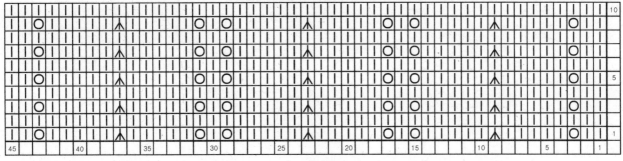

45　40　35　30　25　20　15　10　5　1

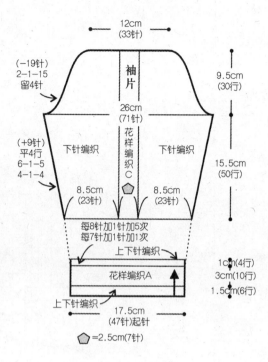

12cm
(33针)

袖片

(−19针)
2-1-15
留4针

9.5cm
(30行)

26cm
(71针)

(+9针)
平4行
6-1-5
4-1-4

下针编织

花样编织C

下针编织

15.5cm
(50行)

8.5cm
(23针)

8.5cm
(23针)

每8针加1针加5次
每7针加1针加1次

上下针编织

花样编织A

上下针编织

1cm(4行)
3cm(10行)
1.5cm(6行)

17.5cm
(47针)起针

⬠=2.5cm(7针)

领、前衣襟、袖窿

上下针
编织

纽扣
扣眼位置

衣襟
挑80针

2针

2cm(8行)

2针

★=6cm(17针)

饰花编织

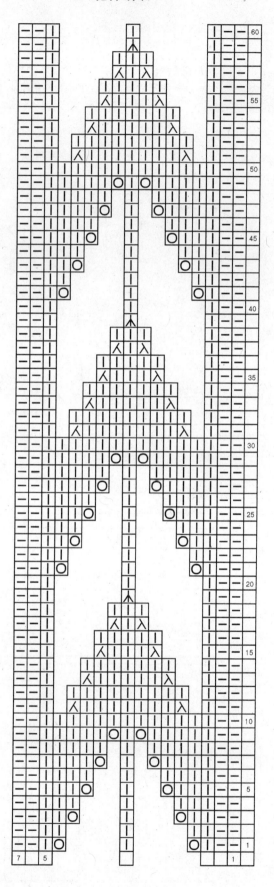

●=饰珠位置

花样编织C

NO.15
浅绿色立体花朵开衫
彩图见 第34页

材料：
中粗羊毛线浅绿色250g、黑色10g，直径为10mm的纽扣5颗，饰珠若干

工具：
3.3mm、3.9mm棒针，1.75/0号钩针

成品尺寸：
衣长40cm、胸围66cm、背肩宽24.5cm、袖长34.5cm

编织密度：
3.9mm棒针 花样编织、下针编织
26针×32行/10cm
3.3mm棒针 上下针编织　28针×40行/10cm

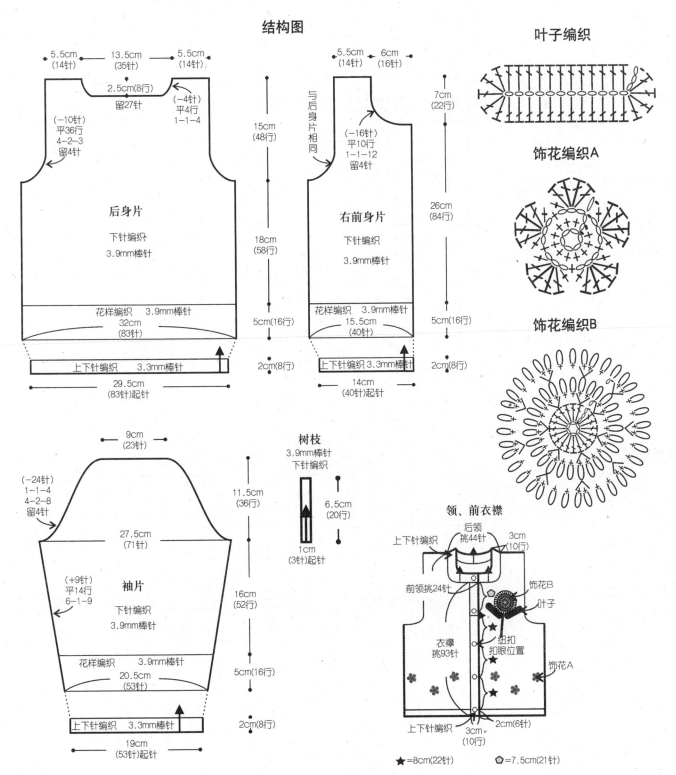

结构图

5.5cm（14针）　13.5cm（35针）　5.5cm（14针）
2.5cm（8行）
留27针
（-4针）平4行 1-1-4
（-10针）平36行 4-2-3 留4针

后身片
下针编织
3.9mm棒针

15cm（48行）
18cm（58行）

花样编织　3.9mm棒针
32cm（83针）

5cm（16行）

上下针编织　3.3mm棒针
29.5cm（83针）起针
2cm（8行）

5.5cm（14针）　6cm（16针）
与后身片相同
（-16针）平10行 1-1-12 留4针

右前身片
下针编织
3.9mm棒针

7cm（22行）
26cm（84行）

花样编织　3.9mm棒针
15.5cm（40针）

5cm（16行）
上下针编织 3.3mm棒针
14cm（40针）起针
2cm（8行）

叶子编织

饰花编织A

饰花编织B

9cm（23针）
（-24针）1-1-4 4-2-8 留4针
27.5cm（71针）
（+9针）平14行 6-1-9

袖片
下针编织
3.9mm棒针

11.5cm（36行）
16cm（52行）

花样编织　3.9mm棒针
20.5cm（53针）
5cm（16行）

上下针编织　3.3mm棒针
19cm（53针）起针
2cm（8行）

树枝
3.9mm棒针
下针编织
6.5cm（20行）
1cm（3针）起针

领、前衣襟
上下针编织
后领挑44针
3cm（10行）
前领挑24针
饰花B
叶子
纽扣扣眼位置
衣襟挑93针
饰花A
上下针编织
3cm（10行）
2cm（6针）

★=8cm（22针）　⬠=7.5cm（21针）

103

花样编织

NO.16

黄色简约收腰连衣裙

彩图见　第36页

材料：
中粗羊毛线黄色400g

工具：
3.6mm棒针

成品尺寸：
衣长38cm、胸围64cm、背肩宽26.5cm、袖长30cm

编织密度：
花样编织A、B、下针编织　　30针×34行/10cm
上下针编织　　30针×56行/10cm

结构图

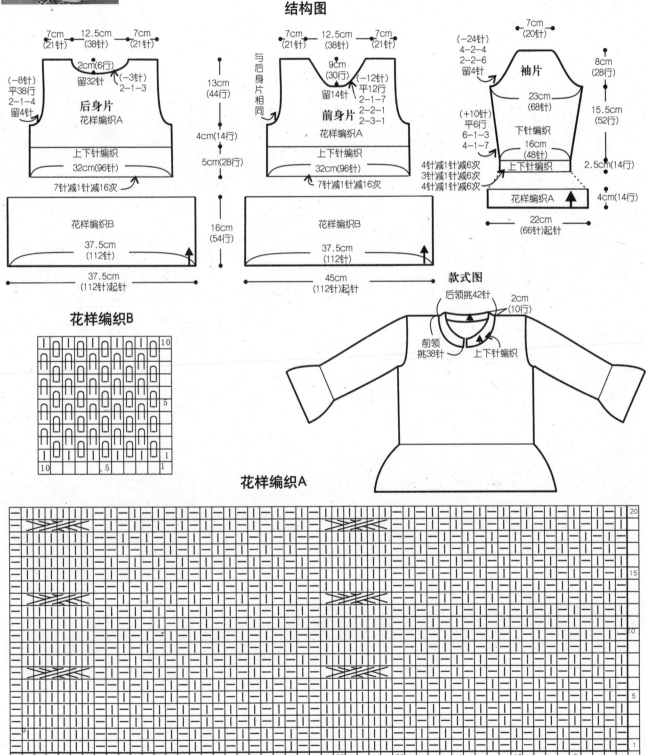

花样编织B

花样编织A

NO.17
红色高领短袖连衣裙
彩图见 第38页

材料：
中粗羊毛线红色350g

工具：
3.3mm棒针

成品尺寸：
衣长42cm、胸围64cm、背肩宽29cm、袖长12cm

编织密度：
花样编织、下针编织 28×36行/10cm
上下针编织 28×50行/10cm

结构图

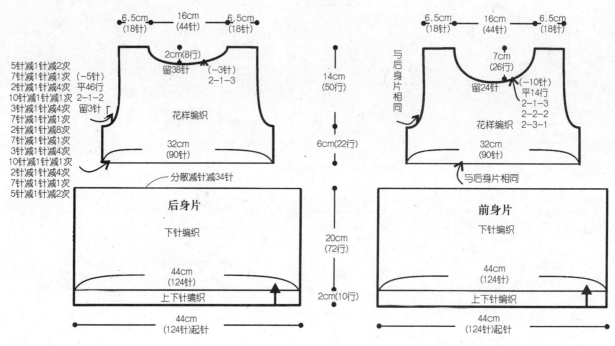

5针减1针减2次
7针减1针减1次 (−5针)
2针减1针减4次 平46行
10针减1针减1次 2-1-2
3针减1针减4次 留3针
7针减1针减1次
2针减1针减8次
7针减1针减1次
3针减1针减4次
10针减1针减1次
2针减1针减4次
7针减1针减1次
5针减1针减2次

6.5cm (18针) / 16cm (44针) / 6.5cm (18针)

2cm(8行)
留38针
(−3针) 2-1-3

14cm (50行)

花样编织

32cm (90针)

6cm(22行)

分散减针减34针

后身片
下针编织

20cm (72行)

44cm (124针)
上下针编织

2cm(10行)

44cm (124针)起针

6.5cm (18针) / 16cm (44针) / 6.5cm (18针)

与后身片相同

7cm (26行)
留24针
(−10针) 平14行 2-1-3 2-2-2 2-3-1

花样编织

32cm (90针)

与后身片相同

前身片
下针编织

44cm (124针)
上下针编织

44cm (124针)起针

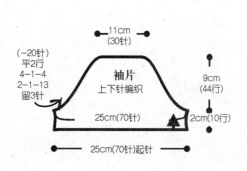

(−20针) 平2行 4-1-4 2-1-13 留3针

11cm (30针)

袖片
上下针编织

9cm (44行)

25cm(70针)

2cm(10行)

25cm(70针)起针

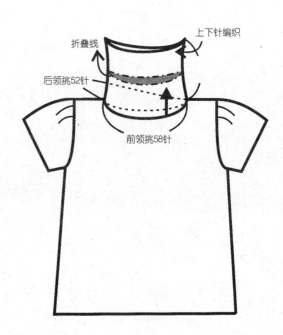

折叠线
上下针编织
后领挑52针
前领挑58针

花样编织

□=□

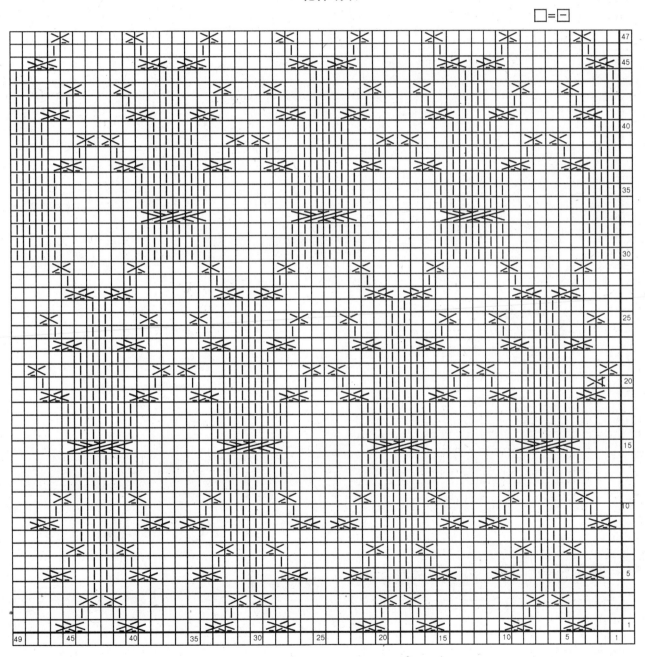

NO.18
白色泡泡袖连衣裙
彩图见　第40页

材料：
中粗羊毛线白色450g

工具：
3.3mm棒针

成品尺寸：
衣长49cm、胸围80cm、背肩宽28cm、袖长43cm

编织密度：
花样编织A、B、C、D，下针编织，
单罗纹编织　30针×35行/10cm

结构图

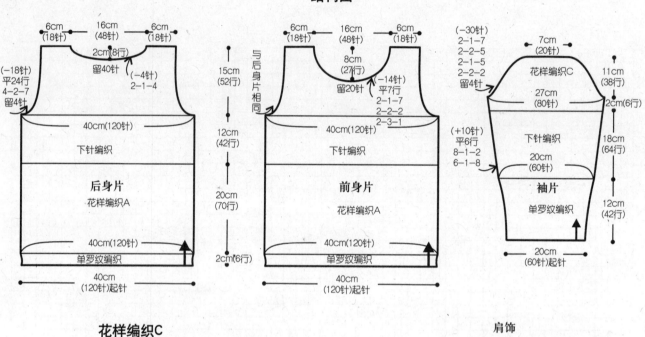

花样编织C

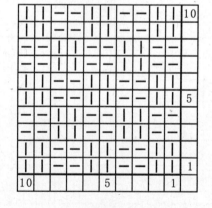

花样编织D

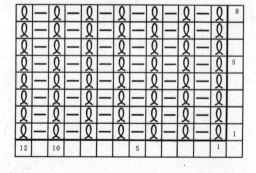

肩饰

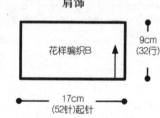

花样编织B

9cm
(32行)

17cm
(52针)起针

款式图

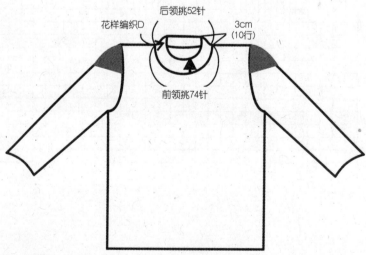

后领挑52针

花样编织D

3cm
(10行)

前领挑74针

花样编织A

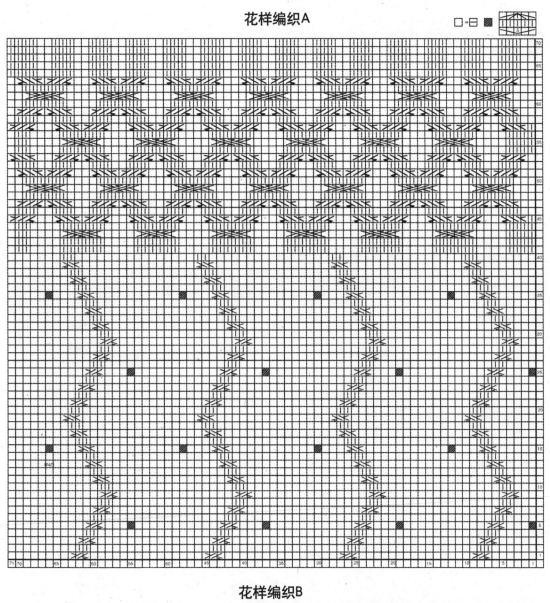

花样编织B

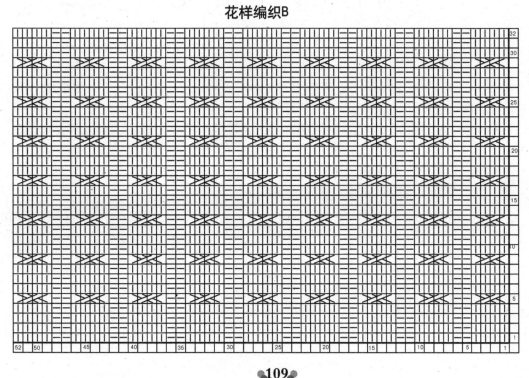

NO.19

粉色单罗纹拼接开衫

彩图见　第42页

材料：
中粗羊毛线粉线350g，直径为15mm的纽扣4颗

工具：
3.6mm棒针，2/0号钩针

成品尺寸：
衣长36.5cm、胸围58cm、背肩宽22cm、袖长31cm

编织密度：
花样编织A、B、C，下针编织，上下针编织
30针×40行/10cm

结构图

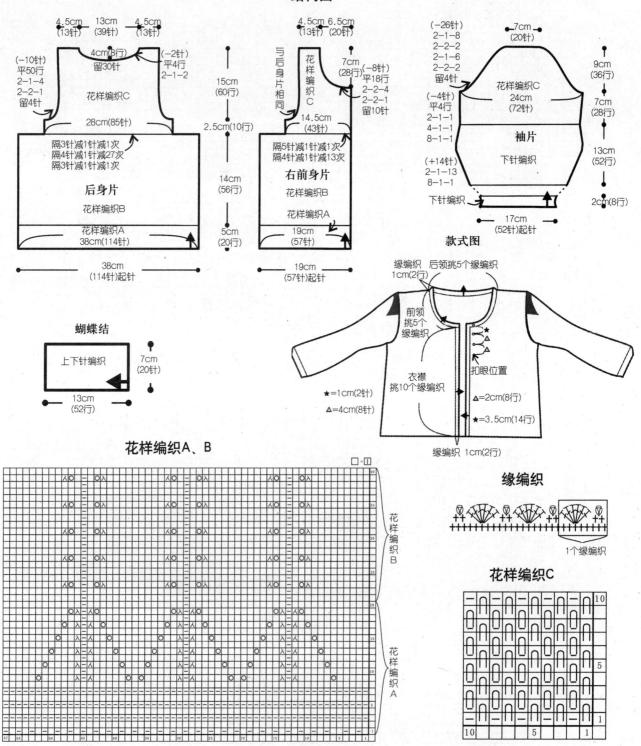

蝴蝶结

上下针编织

7cm（20针）

13cm（52行）

款式图

缘编织　后领挑5个缘编织
1cm(2行)

前领挑5个缘编织

衣襟挑10个缘编织

扣眼位置

★=1cm(2针)
△=4cm(8针)

★=3.5cm(14行)
△=2cm(8行)

缘编织　1cm(2行)

花样编织A、B

花样编织B

花样编织A

缘编织

1个缘编织

花样编织C

□=□

NO.20

蓝色收腰背心裙

彩图见　第44页

材料：

中粗羊毛线深蓝色250g，饰珠4颗

工具：

3.6mm棒针，2.5/0号钩针

成品尺寸：

衣长52cm、胸围62cm、背肩宽26cm

编织密度：

花样编织B　　32针×30行/10cm

花样编织A、下针编织　28针×36行/10cm

结构图

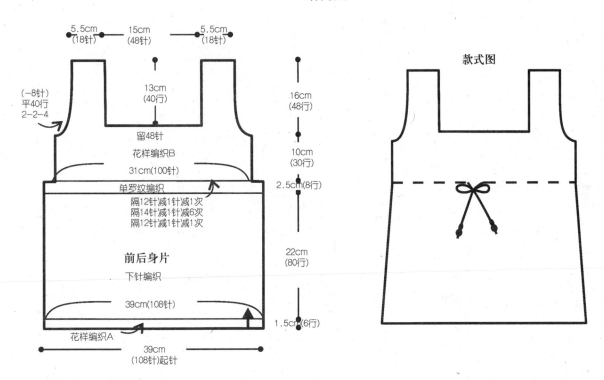

5.5cm
(18针)　15cm
(48针)　5.5cm
(18针)

(−8针)
平40行
2-2-4

13cm
(40行)

留48针

花样编织B

31cm(100针)

单罗纹编织

隔12针减1针减1次
隔14针减1针减6次
隔12针减1针减1次

前后身片

下针编织

39cm(108针)

花样编织A

39cm
(108针)起针

16cm
(48行)

10cm
(30行)

2.5cm(8行)

22cm
(80行)

1.5cm(6行)

款式图

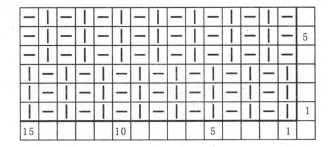

花样编织A

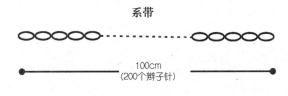

系带

100cm
(200个辫子针)

花样编织B

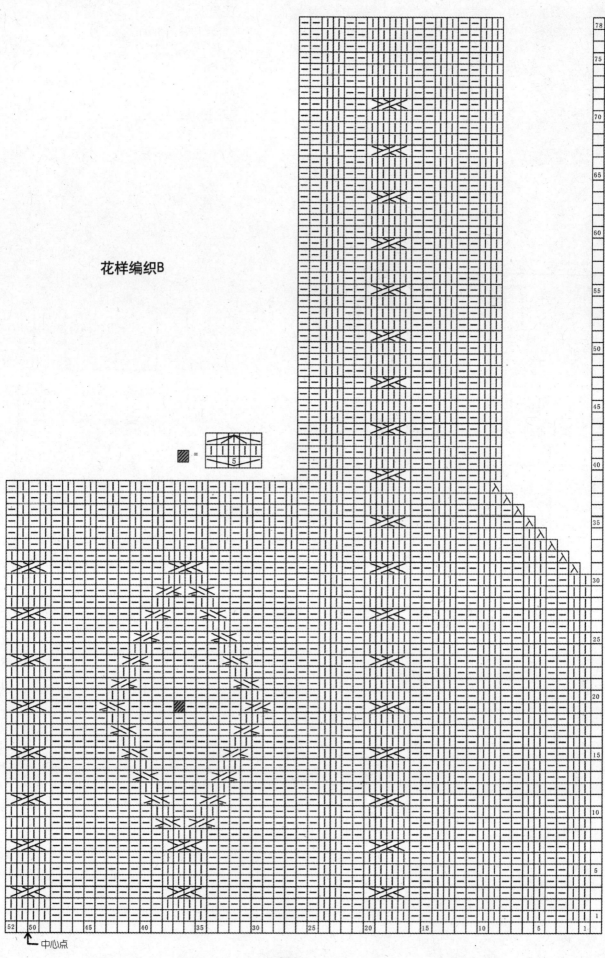

中心点

NO.21
灰色贴布口袋马甲
彩图见　第46页

材料：
中粗羊毛线深灰色100g，黑色、白色、咖啡色各适量，直径为20mm的纽扣4颗，其他饰扣适量，白色棉布1块

工具：
3.6mm棒针，缝针，2/0号钩针

成品尺寸：
衣长37cm、胸围60.5cm、背肩宽21.5cm

编织密度：
上下针编织　24针×38行/10cm
单罗纹编织　30针×31行/10cm

结构图

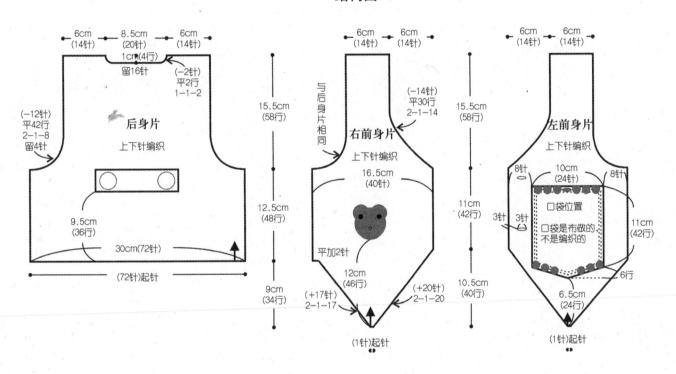

后身片
上下针编织
6cm（14针）　8.5cm（20针）　6cm（14针）
1cm（4行）
留16针
（-2针）平2行 1-1-2
（-12针）平42行 2-1-8 留4针
15.5cm（58行）
12.5cm（48行）
9.5cm（36行）
30cm（72针）
（72针）起针
9cm（34行）

右前身片
与后身片相同
上下针编织
6cm（14针）　6cm（14针）
（-14针）平30行 2-1-14
16.5cm（40针）
15.5cm（58行）
11cm（42行）
10.5cm（40行）
平加2针
12cm（46行）
（+17针）2-1-17
（+20针）2-1-20
（1针）起针

左前身片
上下针编织
6cm（14针）　6cm（14针）
8针　10cm（24针）　8针
3针　3针
口袋位置
口袋是布做的不是编织的
11cm（42行）
6行
6.5cm（24行）
（1针）起针

款式图

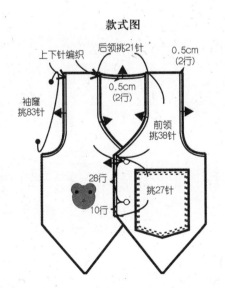

上下针编织
后领挑21针
0.5cm（2行）
0.5cm（2行）
前领挑38针
袖窿挑83针
28行
10行
挑27针

后身片装饰带

单罗纹编织
3cm（9针）起针
11.5cm（36行）

小熊脸
咖啡色
饰扣位置

小熊耳朵
2个白色

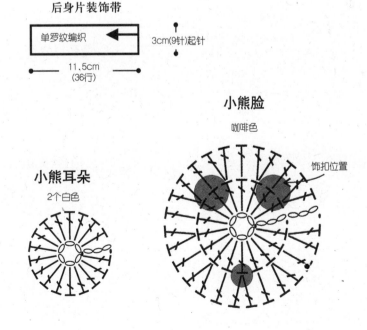

113

NO.22
蓝灰色拼接绒线开衫
彩图见　第48页

材料：
中粗羊毛线灰色200g，蓝色100g，直径为25mm的纽扣8颗，饰珠3颗

工具：
3.9mm、4.5mm棒针，2.5/0号钩针

成品尺寸：
衣长35cm、胸围62.5cm、背肩宽21.5cm、袖长30cm

编织密度：
3.9mm棒针 花样编织、单罗纹编织
32针×32行/10cm
上下针编织　22针×35行/10cm
4.5mm棒针 下针编织　17针×28行/10cm

结构图

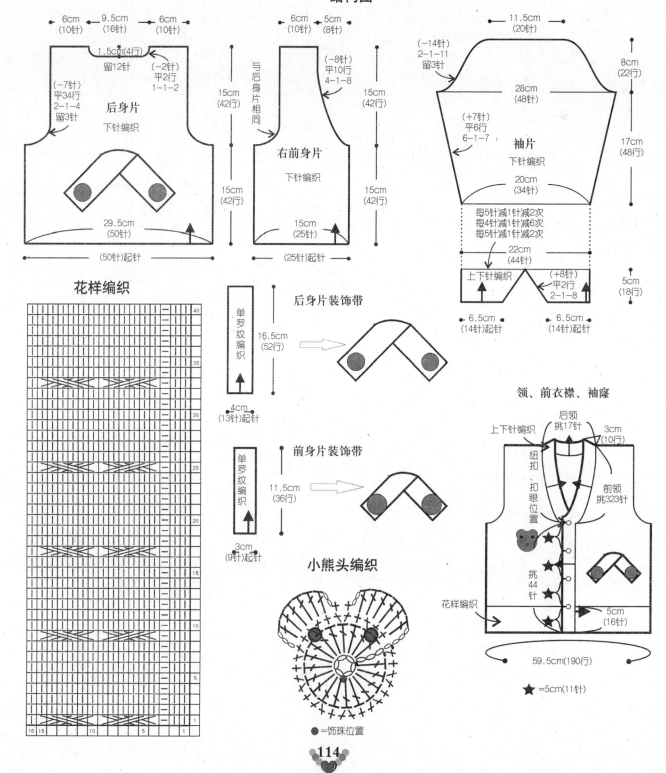

后身片 下针编织
6cm（10针）　9.5cm（16针）　6cm（10针）
1.5cm（4行）
留12针
（−2针）平2行 1-1-2
（−7针）平34行 2-1-4 留3针
15cm（42行）
15cm（42行）
29.5cm（50针）
（50针）起针

右前身片 下针编织
6cm（10针）　5cm（8针）
（−8针）平10行 4-1-8
与后身片相同
15cm（42行）
15cm（42行）
15cm（25针）
（25针）起针

袖片 下针编织
11.5cm（20针）
（−14针）2-1-11 留3针
28cm（48针）
8cm（22行）
（+7针）平6行 6-1-7
17cm（48行）
20cm（34针）
每5针减1针减2次
每4针减1针减6次
每5针减1针减2次
22cm（44针）
上下针编织　（+8针）平2行 2-1-8
5cm（18行）
6.5cm（14针）起针　6.5cm（14针）起针

花样编织

40　35　30　25　20　15　10　5　1
16　15　10　5　1

后身片装饰带
单罗纹编织
16.5cm（52行）
4cm（13针）起针

前身片装饰带
单罗纹编织
11.5cm（36行）
3cm（9针）起针

小熊头编织
●=饰珠位置

领、前衣襟、袖窿
后领挑17针
上下针编织
3cm（10行）
纽扣、扣眼位置
前领挑323针
挑44针
花样编织
5cm（16针）
59.5cm（190行）
★=5cm（11针）

NO.23
米色大口袋开衫
彩图见　第50页

材料：
中粗羊毛线米色250g，棕色适量，直径为20mm的纽扣6颗，其他饰扣若干

工具：
2.7mm、3.3mm棒针

成品尺寸：
衣长35cm、胸围61cm、背肩宽21cm、袖长28cm

编织密度：
3.3mm棒针　花样编织A　27针×48行/10cm
上下针编织、下针编织　27针×48行/10cm
2.7mm棒针　花样编织B　32针×48行/10cm
花样编织C、上下针编织　36针×48行/10cm
花样编织D　36针×40行/10cm

结构图

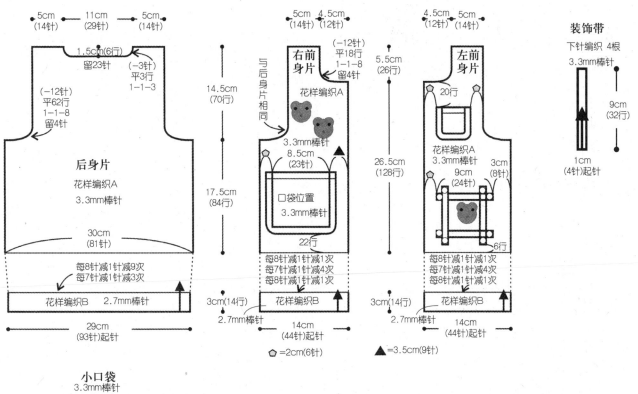

后身片
花样编织A
3.3mm棒针

5cm（14针）　11cm（29针）　5cm（14针）
1.5cm(6行)　留23针　（-3针）平3行 1-1-3
（-12针）平62行 1-1-8 留4针
14.5cm（70行）
17.5cm（84行）
30cm（81针）
每8针减1针减9次
每7针减1针减3次
花样编织B　2.7mm棒针
29cm（93针）起针

与后身片相同

右前身片
5cm（14针）　4.5cm（12针）
（-12针）平18行 1-1-8 留4针
花样编织A
3.3mm棒针
8.5cm（23针）
口袋位置
3.3mm棒针
22行
每8针减1针减1次
每7针减1针减4次
每8针减1针减1次
3cm(14行)
花样编织B
2.7mm棒针
14cm（44针）起针
⬠=2cm（6针）

5.5cm（26行）
26.5cm（128行）

左前身片
4.5cm（12针）　5cm（14针）
20行
花样编织A
3.3mm棒针
9cm（24针）
3cm（8针）
6行
每8针减1针减1次
每7针减1针减4次
每8针减1针减1次
3cm(14行)
花样编织B
2.7mm棒针
14cm（44针）起针
▲=3.5cm（9针）

装饰带
下针编织 4根
3.3mm棒针
9cm（32行）
1cm（4针）起针

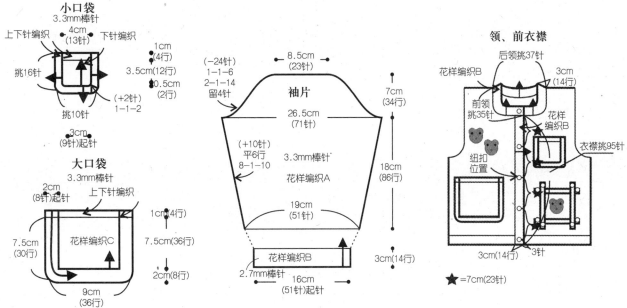

小口袋
3.3mm棒针
上下针编织　4cm（13针）　下针编织
挑16针
挑10针
1cm（4行）
3.5cm（12行）
0.5cm（2行）
（+2针）1-1-2
3cm（9针）起针

大口袋
3.3mm棒针
2cm（8针）起针
上下针编织
7.5cm（30行）
花样编织C
7.5cm（36行）
1cm（4行）
2cm（8行）
9cm（36行）
9cm（32针）起针

袖片
8.5cm（23针）
（-24针）1-1-6 2-1-14 留4针
26.5cm（71针）
（+10针）平6行 8-1-10
3.3mm棒针
花样编织A
19cm（51针）
花样编织B
2.7mm棒针
16cm（51针）起针
7cm（34行）
18cm（86行）
3cm（14行）

领、前衣襟
后领挑37针
花样编织B
3cm（14针）
前领挑35针
花样编织B
纽扣位置
衣襟挑95针
3cm（14行）　3针
★=7cm（23针）

花样编织A

花样编织C

花样编织B

小熊脸编织

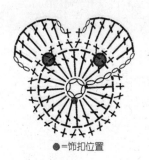

●=饰扣位置

花样编织D

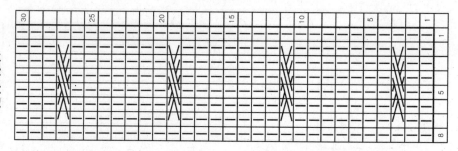

NO.24
条纹双口袋开衫
彩图见　第52页

工具：
3.0mm、3.6mm棒针，1.75/0号钩针

材料：
中粗羊毛线军绿色、米色、蓝色、黄色、绿色、灰色各50g，直径为15mm的纽扣5颗，其他饰扣若干

成品尺寸：
衣长33cm、胸围66.5cm、背肩宽24cm、袖长27.5cm

编织密度：
3.6mm棒针　下针编织、上下针编织
26针×36行/10cm
3.0mm棒针　双罗纹编织　30针×40行/10cm

结构图

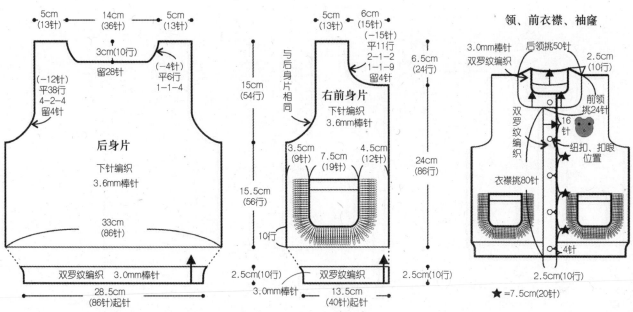

5cm（13针）　14cm（36针）　5cm（13针）
3cm(10行)
留28针
（−12针）平38行 4-2-4 留4针
（−4针）平6行 1-1-4

后身片
下针编织
3.6mm棒针
33cm（86针）

双罗纹编织　3.0mm棒针
28.5cm（86针）起针

5cm（13针）　6cm（15针）
（−15针）平11行 2-1-2 1-1-9 留4针
6.5cm（24行）
与后身片相同
15cm（54行）

右前身片
下针编织
3.6mm棒针

3.5cm（9针）　7.5cm（19针）　4.5cm（12针）
24cm（86行）
15.5cm（56行）
10行
2.5cm(10行)
双罗纹编织
3.0mm棒针　13.5cm（40针）起针
2.5cm（10行）

领、前衣襟、袖窿
3.0mm棒针 双罗纹编织
后领挑50针
2.5cm（10行）
前领挑24针
双罗纹编织
16针
纽扣、扣眼位置
衣襟挑80针
4针
2.5cm（10行）
★=7.5cm（20针）

衣身、袖片配色：米色、蓝色、黄色、绿色按顺序各织10行，然后重复颜色往上织。

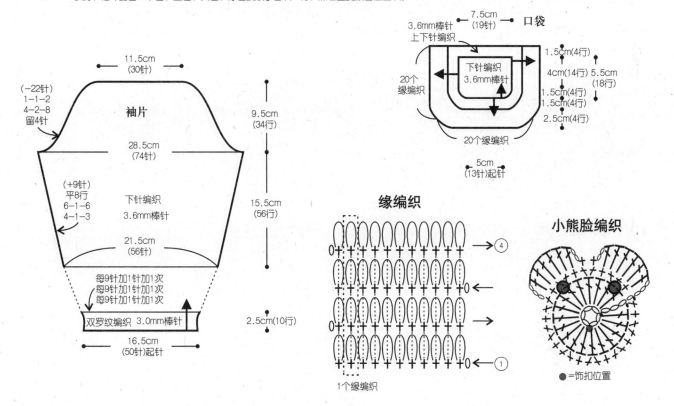

11.5cm（30针）
（−22针）1-1-2 4-2-8 留4针

袖片
28.5cm（74针）
9.5cm（34行）
（+9针）平8行 6-1-6 4-1-3
下针编织
3.6mm棒针
21.5cm（56针）
15.5cm（56行）
每9针加1针加1次
每9针加1针加1次
每9针加1针加1次
双罗纹编织　3.0mm棒针
16.5cm（50针）起针
2.5cm（10行）

3.6mm棒针
上下针编织
7.5cm（19针）　**口袋**
1.5cm（4行）
20个缘编织
下针编织 3.6mm棒针
4cm（14行）5.5cm（18行）
1.5cm（4行）
1.5cm（4行）
2.5cm（4行）
20个缘编织
5cm（13针）起针

缘编织
→④
←
→
←①
1个缘编织

小熊脸编织
●=饰扣位置

NO.25
黄色小脚丫配色套头衫
彩图见　第54页

材料：

中粗羊毛线鹅黄色175g，白色、绿色、红色、黑色、土黄色、灰色、蓝色各适量，直径为15mm的纽扣4颗

工具：

2.7mm、3.3mm棒针

成品尺寸：

衣长38cm、胸围64cm、背肩宽23cm、袖长32cm

编织密度：

3.3mm棒针 花样编织、上下针编织，下针编织
27针×36行/10cm
2.7mm棒针 上下针编织　　32针×40行/10cm

结构图

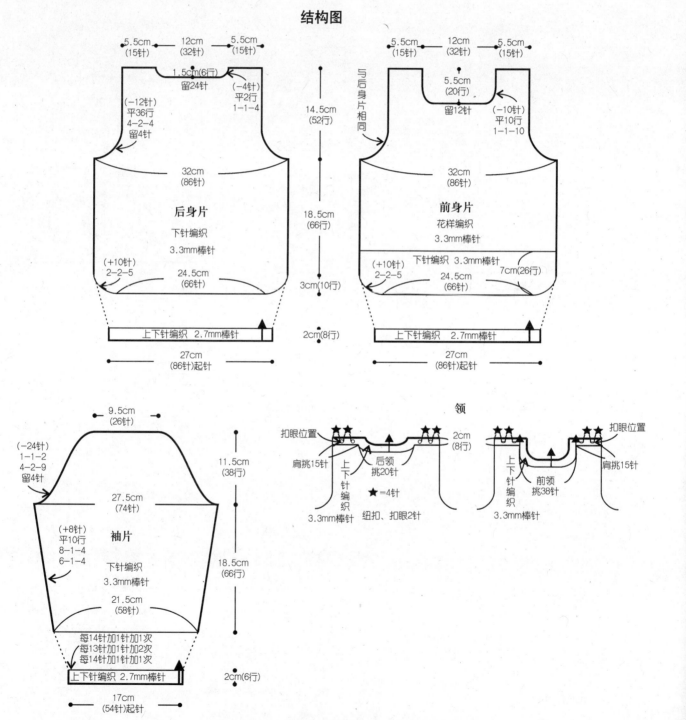

后身片

- 5.5cm（15针）　12cm（32针）　5.5cm（15针）
- 1.5cm(6行) 留24针
- （−4针）平2行 1-1-4
- （−12针）平36行 4-2-4 留4针
- 14.5cm（52行）
- 32cm（86针）
- 后身片 下针编织 3.3mm棒针
- 18.5cm（66行）
- （+10针）2-2-5
- 24.5cm（66针）
- 3cm(10行)
- 上下针编织　2.7mm棒针
- 2cm(8行)
- 27cm（86针）起针

前身片

- 5.5cm（15针）　12cm（32针）　5.5cm（15针）
- 5.5cm（20行）留12针
- 与后身片相同
- （−10针）平10行 1-1-10
- 32cm（86针）
- 前身片 花样编织 3.3mm棒针
- 下针编织 3.3mm棒针
- （+10针）2-2-5
- 24.5cm（66针）
- 7cm(26行)
- 上下针编织　2.7mm棒针
- 27cm（86针）起针

袖片

- 9.5cm（26针）
- （−24针）1-1-2 4-2-9 留4针
- 11.5cm（38行）
- 27.5cm（74针）
- 袖片 下针编织 3.3mm棒针
- （+8针）平10行 8-1-4 6-1-4
- 18.5cm（66行）
- 21.5cm（58针）
- 每14针加1针加1次
- 每13针加1针加2次
- 每14针加1针加1次
- 上下针编织 2.7mm棒针
- 2cm(6行)
- 17cm（54针）起针

领

- 扣眼位置
- ★★　★★　2cm（8行）
- 肩挑15针
- 上下针编织 3.3mm棒针
- 后领挑20针
- ★=4针
- 纽扣、扣眼2针
- ★★　★★　扣眼位置
- 上下针编织 3.3mm棒针
- 前领挑38针
- 肩挑15针

花样编织

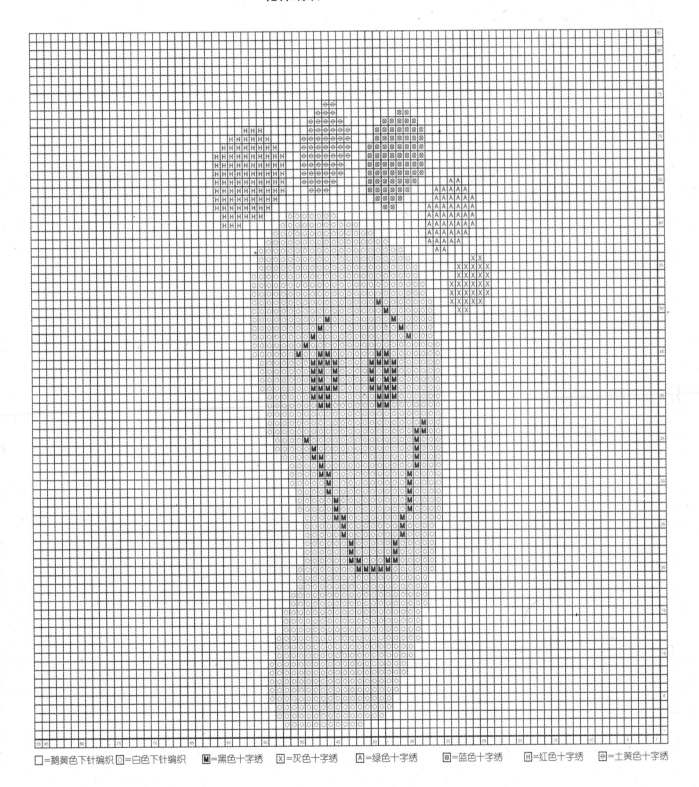

□=鹅黄色下针编织 ◎=白色下针编织 **M**=黑色十字绣 ☒=灰色十字绣 **A**=绿色十字绣 ⊠=蓝色十字绣 **H**=红色十字绣 ⊖=土黄色十字绣

NO.26

卡其色菱形花小背心

彩图见　第56页

材料：
中粗羊毛线卡其色150g，直径为20mm的纽扣5颗

工具：
3.0mm、3.6mm棒针

成品尺寸：
衣长34cm、胸围66cm、背肩宽22.5cm

编织密度：
3.6mm棒针 花样编织、上下针编织、下针编织
25针×34行/10cm
3.0mm棒针 上下针编织　30针×40行/10cm

结构图

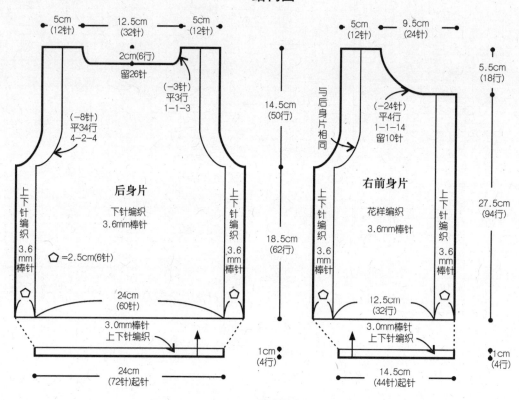

5cm (12针)　12.5cm (32针)　5cm (12针)

2cm(6行)
留26针

(-3针)
平3行
1-1-3

(-8针)
平34行
4-2-4

后身片
下针编织
3.6mm棒针

上下针编织 3.6mm棒针

上下针编织 3.6mm棒针

◇=2.5cm(6针)

24cm (60针)

3.0mm棒针 上下针编织

24cm (72针)起针

14.5cm (50行)

18.5cm (62行)

1cm (4行)

5cm (12针)　9.5cm (24针)

与后身片相同

(-24针)
平4行
1-1-14
留10针

右前身片
花样编织
3.6mm棒针

上下针编织 3.6mm棒针

上下针编织 3.6mm棒针

12.5cm (32行)

3.0mm棒针 上下针编织

14.5cm (44针)起针

5.5cm (18行)

27.5cm (94行)

1cm (4行)

款式图

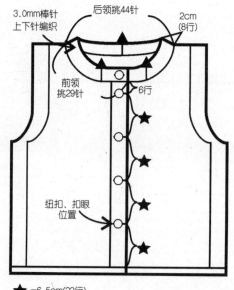

3.0mm棒针 上下针编织

后领挑44针

2cm (8行)

前领挑29针

6行

纽扣、扣眼位置

★=6.5cm(22行)

花样编织

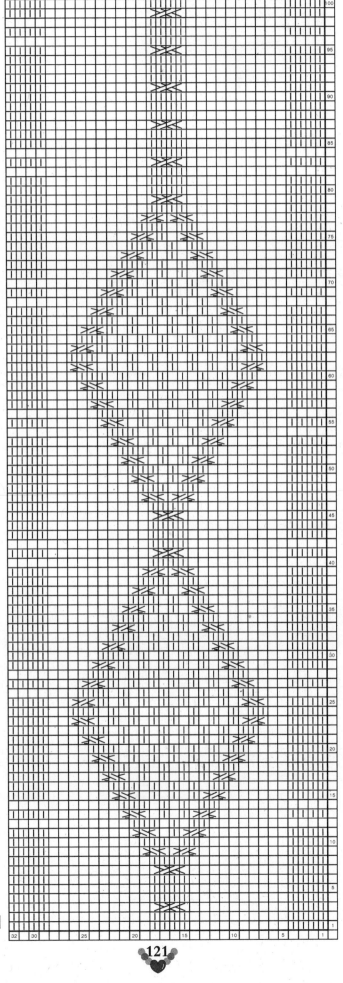

□=□

NO.27
褐色立体大象图案开衫
彩图见 第58页

材料：
中粗羊毛线褐色250g，灰色适量，直径为15mm纽扣6颗，饰扣若干

工具：
2.7mm、3.3mm棒针，1.75/0号钩针

成品尺寸：
衣长35.5cm、胸围63cm、背肩宽22cm、袖长30.5cm

编织密度：
3.3mm棒针 花样编织A、C，下针编织
28针×40行/10cm
2.7mm棒针 花样编织B 32针×46行/10cm

结构图

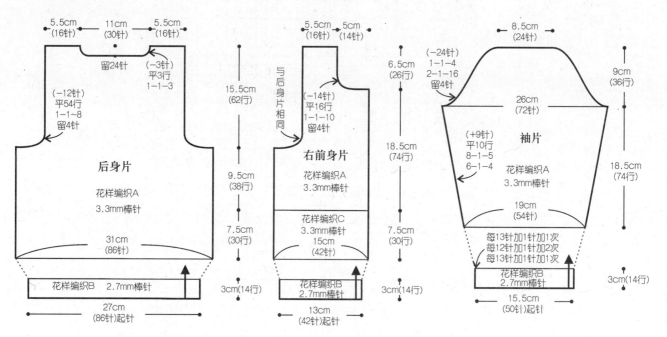

花样编织C

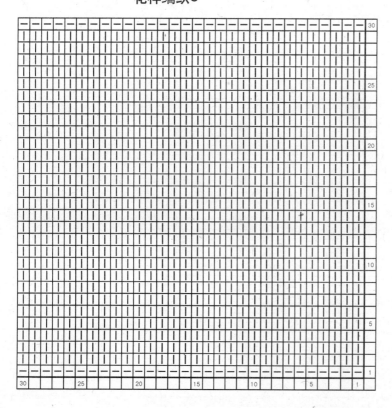

领、前衣襟

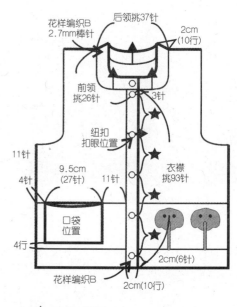

★=6.5cm(21行)

花样编织A

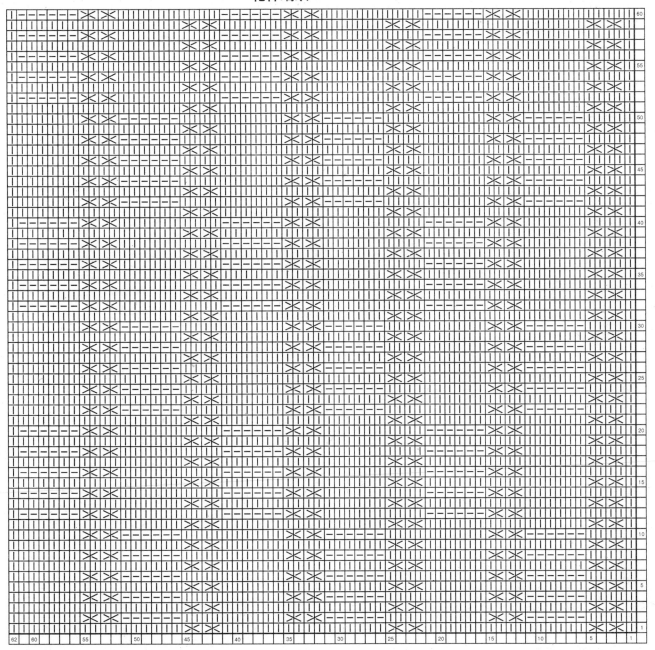

口袋

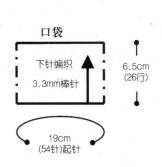

下针编织
3.3mm棒针

6.5cm
(26行)

19cm
(54针)起针

花样编织B

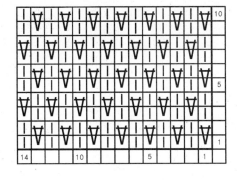

大象脸编织

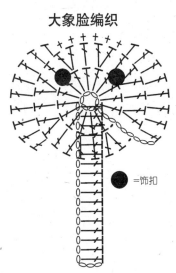

●=饰扣

NO.28
拼色立体图案开衫
彩图见 第60页

材料：
中粗毛线米色250g、蓝色50g、绿色、红色各20g、灰色适量，直径为20mm的纽扣4颗，其他饰扣若干

工具：
2.7mm、3.3mm棒针
成品尺寸：
衣长38.5cm、胸围65.5cm、背肩宽22.5cm、袖长30cm
编织密度：
3.3mm棒针
花样编织A、B，上下针编织　27针×38行/10cm
2.7mm棒针
上下针编织　32针×50行/10cm
双罗纹编织、下针编织　32针×40行/10cm

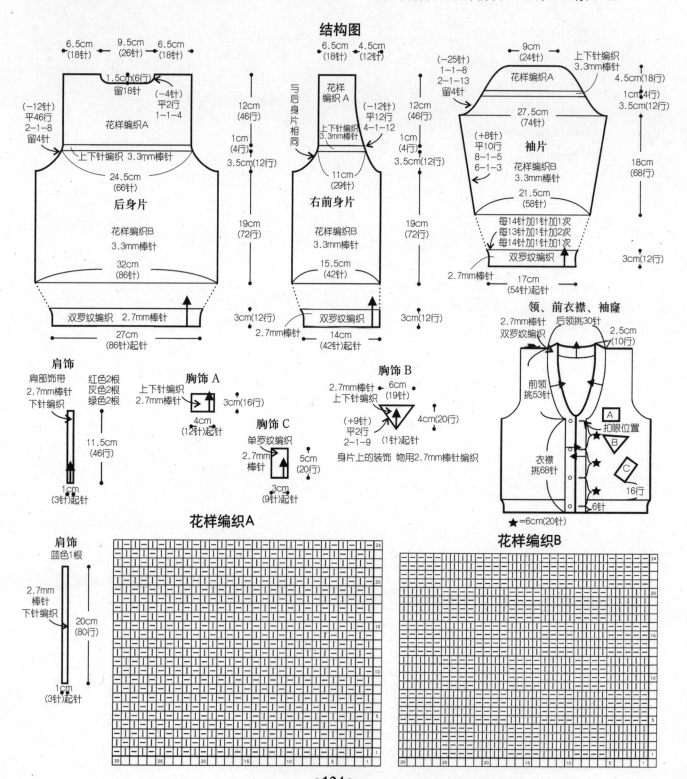

结构图

6.5cm (18针)　9.5cm(26针)　6.5cm (18针)
1.5cm(6行) 留18针
(−4针) 平2行 1−1−4
(−12针) 平46行 2−1−8 留4针
花样编织A
上下针编织 3.3mm棒针
24.5cm (66针)
后身片
花样编织B 3.3mm棒针
32cm (86针)
双罗纹编织 2.7mm棒针
27cm (86针)起针

6.5cm (18针)　4.5cm (12针)
12cm (46行)
1cm (4行)
3.5cm(12行)
花样编织A
与后身片相同
(−12针) 上下针编织 3.3mm棒针 4−1−12
12cm (46行)
1cm (4行)
3.5cm(12行)
11cm (29针)
右前身片
花样编织B 3.3mm棒针
15.5cm (42针)
19cm (72行)
双罗纹编织 2.7mm棒针
14cm (42针)起针
3cm(12行)

9cm (24针)　上下针编织 3.3mm棒针
(−25针) 1−1−8 2−1−13 留4针
花样编织A
4.5cm(18行)
1cm(4行)
3.5cm(12行)
27.5cm (74针)
(+8针) 平10行 8−1−5 6−1−3
袖片
花样编织B 3.3mm棒针
21.5cm (58针)
每14针加1针加1次
每13针加1针加2次
每14针加1针加1次
双罗纹编织
2.7mm棒针
17cm (54针)起针
18cm (68行)
3cm(12行)

肩饰
肩部饰带
2.7mm棒针
下针编织
红色2根
灰色2根
绿色2根
11.5cm (46行)
1cm (3针)起针

胸饰 A
上下针编织
2.7mm棒针
3cm(16行)
4cm (12针)起针

胸饰 C
单罗纹编织
2.7mm棒针
5cm (20行)
3cm (9针)起针

胸饰 B
2.7mm棒针
上下针编织
6cm (19针)
(+9针) 平2行 2−1−9
4cm(20行)
(1针)起针
身片上的装饰 物用2.7mm棒针编织

领、前衣襟、袖窿
2.7mm棒针 双罗纹编织
后领挑30针
2.5cm (10行)
前领挑53针
A
扣眼位置
B
衣襟挑68针
C
16行
6针
★=6cm(20针)

花样编织A

肩饰
蓝色1根
2.7mm棒针
下针编织
20cm (80行)
1cm (3针)起针

花样编织B

NO.29
爱心图案配色开衫
彩图见　第62页

材料:
中粗羊毛线蓝色200g、粉色50g、黄色10g，灰色适量，直径为15mm的纽扣4颗

工具:
2.7mm、3.3mm棒针

成品尺寸:
衣长34.5cm、胸围63cm、背肩宽22.5cm、袖长30cm

编织密度:
3.3mm棒针 花样编织A、B，下针编织
27针×38行/10cm
2.7mm棒针 双罗纹编织　32针×40行/10cm

结构图

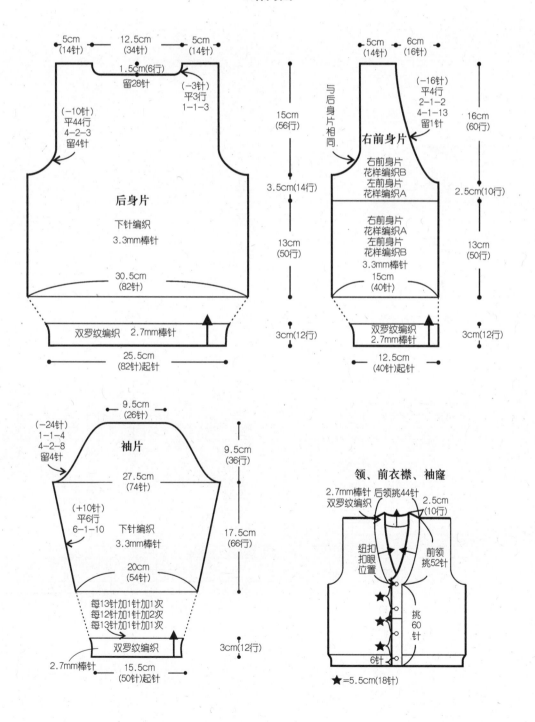

后身片

5cm（14针）　12.5cm（34针）　5cm（14针）
1.5cm(6行)
留28针
(−3针)平3行 1−1−3
(−10针)平44行 4−2−3 留4针
后身片
下针编织
3.3mm棒针
30.5cm（82针）
双罗纹编织　2.7mm棒针
25.5cm（82针）起针

15cm（56行）
3.5cm（14行）
13cm（50行）
3cm（12行）

右前身片

5cm（14针）　6cm（16针）
(−16针)平4行 2−1−2 4−1−13 留1针
与后身片相同
右前身片 花样编织B
左前身片 花样编织A
右前身片 花样编织A
左前身片 花样编织B
3.3mm棒针
15cm（40针）
双罗纹编织 2.7mm棒针
12.5cm（40针）起针

16cm（60行）
2.5cm（10行）
13cm（50行）
3cm（12行）

袖片

9.5cm（26针）
(−24针)1−1−4 4−2−8 留4针
袖片
27.5cm（74针）
(+10针)平6行 6−1−10
下针编织
3.3mm棒针
20cm（54针）
每13针加1针加1次
每12针加1针加2次
每13针加1针加1次
双罗纹编织
2.7mm棒针　15.5cm（50针）起针
9.5cm（36行）
17.5cm（66行）
3cm（12行）

领、前衣襟、袖窿

2.7mm棒针 后领挑44针
双罗纹编织
2.5cm（10行）
纽扣扣眼位置
前领挑52针
挑60针
6针
★=5.5cm（18针）

花样编织A

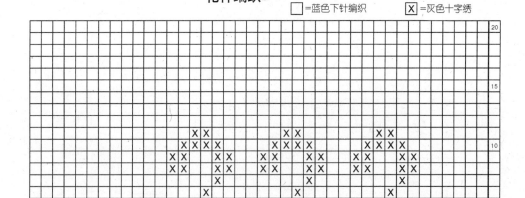

☐ =粉色下针编织　　　Ⅹ =灰色十字绣

花样编织B

☐ =蓝色下针编织　　　Ⅹ =灰色十字绣

NO.30

灰黑色拼色麻花纹开衫

彩图见 第64页

材料：
中粗羊毛线深灰色200g、黑色20g，
直径为20mm的纽扣6颗

工具：
3.3mm、3.6mm棒针

成品尺寸：
衣长33.5cm、胸围60.5cm、背肩宽21.5cm、袖长29cm

编织密度：
3.6mm棒针 花样编织A、B，下针编织
28针×36行/10cm
3.3mm棒针 花样编织C、上下针编织、双罗纹编织
32针×42行/10cm

结构图

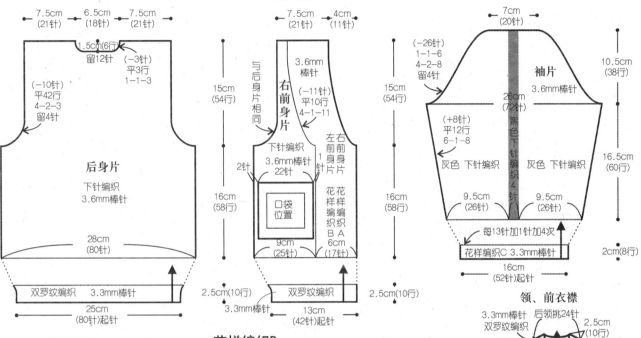

7.5cm (21针)　6.5cm (18针)　7.5cm (21针)

1.5cm(6行) 留12针

(−3针) 平3行 1-1-3

(−10针) 平42行 4-2-3 留4针

后身片
下针编织
3.6mm棒针

28cm (80针)

15cm (54行)

16cm (58行)

双罗纹编织　3.3mm棒针

25cm (80针)起针

7.5cm (21针)　4cm (11针)

3.6mm 棒针

右前身片

与后身片相同

(−11针) 平10行 4-1-11

左右前身片片1针

下针编织 3.6mm棒针 22针

2针

口袋位置

左右前身片花样样编织编织B A 6次

9cm (25针)　(17针)

双罗纹编织

2.5cm(10行) 3.3mm棒针

13cm (42针)起针

2.5cm(10行)

7cm (20针)

(−26针) 1-1-6 4-2-8 留4针

袖片
3.6mm棒针

10.5cm (38行)

15cm (54行)

(+8针) 平12行 6-1-8

26cm (72针) 黑色下针编织4针

灰色 下针编织　　灰色 下针编织

16.5cm (60行)

9.5cm (26针)　9.5cm (26针)

每13针加1针加4次

花样编织C 3.3mm棒针

16cm (52针)起针

2cm(8行)

花样编织A

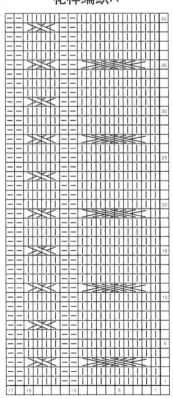

花样编织B

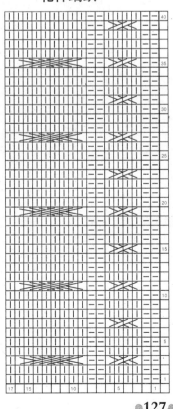

花样编织C

后身片配色

第19~112行	灰色94行
第15~18行	黑色4行
第5~14行	灰色10行
第1~4行	黑色4行

领、前衣襟

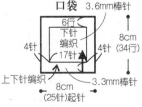

3.3mm棒针 双罗纹编织　后领挑24针　2.5cm(10行)

纽扣扣眼位置

前领挑48针

挑60针

★=5.5cm(18针)

口袋 3.6mm棒针

4针　6行 下针编织 17针　4针

上下针编织

8cm (25针)起针

8cm (34行)

领、衣襟配色

第9~10行	黑色2行
第1~8行	灰色8行

下摆、袖口配色

第3~10行	灰色8行
第1~2行	黑色2行

NO.31
蓝色小鱼配色开衫
彩图见　第65页

材料：
中粗羊毛线白色300g、蓝色50g、黄色、浅蓝色各适量，直径为15mm的纽扣5颗

工具：
3.3mm棒针

成品尺寸：
衣长39cm、胸围70.5cm、背肩宽27cm、袖长37.5cm

编织密度：
花样编织A～G，下针编织
28针×36行/10cm

结构图

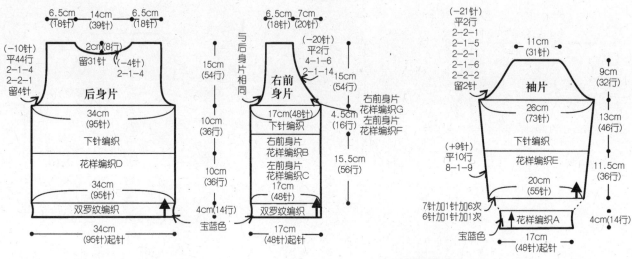

领、前衣襟

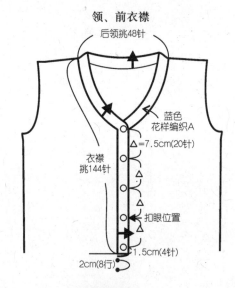

花样编织A

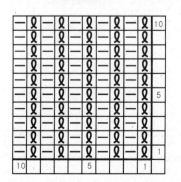

花样编织C

☒=浅蓝色　　☒=蓝色　　□=白色　　☒/□/☒=下针编织

花样编织B

花样编织E

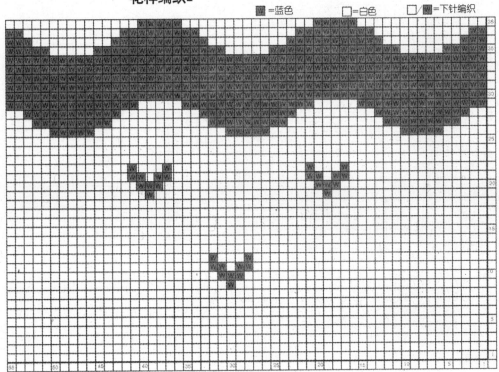

花样编织D

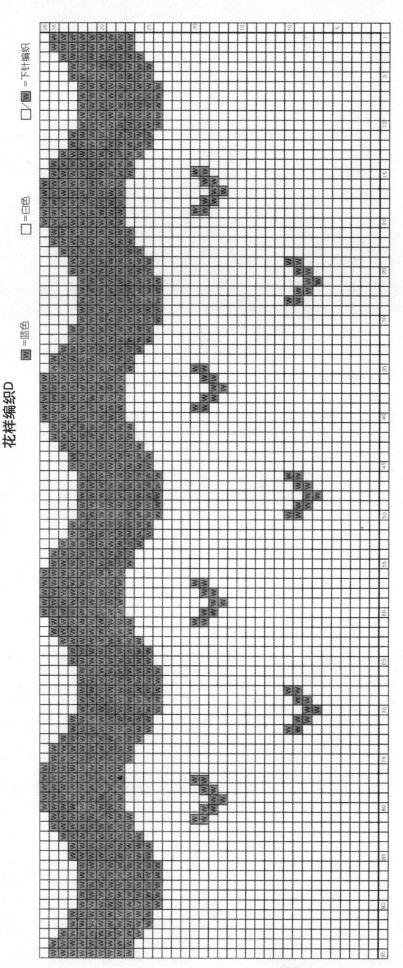

花样编织F

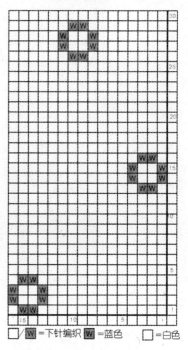

□/W=下针编织 W=蓝色 □=白色

花样编织G

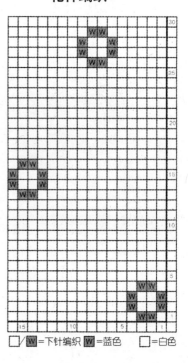

□/W=下针编织 W=蓝色 □=白色

NO.32
蓝色横条纹开衫
彩图见 第66页

材料：
中粗羊毛线果绿色350g，直径为15mm
的纽扣5颗

工具：
3.6mm棒针

成品尺寸：
衣长36.5cm、胸围54cm、背肩宽21cm、袖长27.5cm

编织密度：
花样编织　32针×36行/10cm

结构图

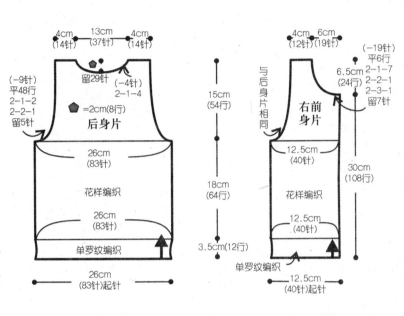

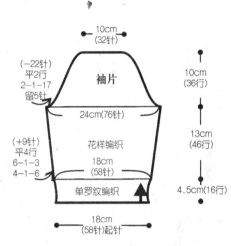

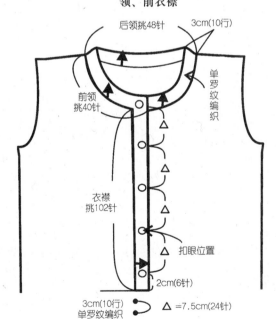

领、前衣襟

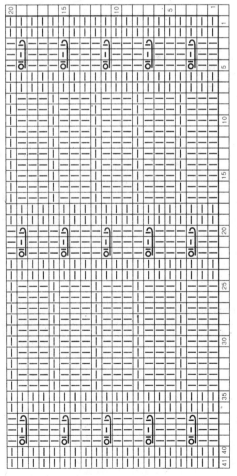

花样编织

NO.33
彩虹条纹配色开衫
彩图见　第67页

材料：
中粗羊毛线玫红色、黄色、粉色、白色、绿色、蓝色各50g，直径为20mm的纽扣5颗，其他饰扣若干

工具：
2.7mm、3.3mm棒针

成品尺寸：
衣长31.5cm、胸围63cm、背肩宽21cm、袖长26cm

编织密度：
3.3mm棒针　花样编织、下针编织
28针×34行/10cm
上下针编织　28针×40行/10cm
2.7mm棒针　双罗纹编织　32针×40行/10cm

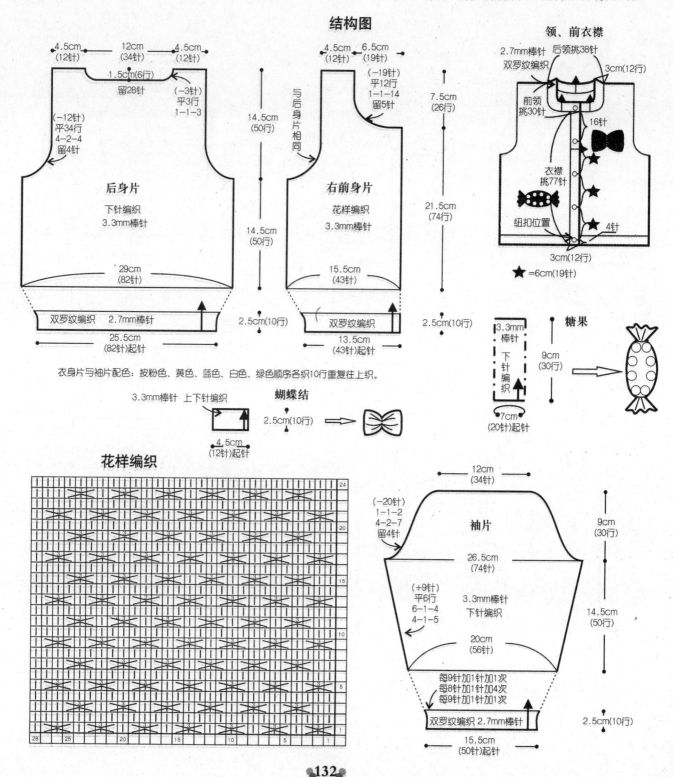

结构图

后身片
下针编织
3.3mm棒针

4.5cm（12针）　12cm（34针）　4.5cm（12针）
1.5cm(6行)
留28针
（-3针）平3行 1-1-3
（-12针）平34行 4-2-4 留4针
14.5cm（50行）
14.5cm（50行）
双罗纹编织　2.7mm棒针
29cm（82针）
25.5cm（82针）起针
2.5cm(10行)

右前身片
花样编织
3.3mm棒针

4.5cm（12针）　6.5cm（19针）
（-19针）平12行 1-1-14 留5针
与后身片相同
7.5cm（26行）
21.5cm（74行）
15.5cm（43针）
双罗纹编织
13.5cm（43针）起针
2.5cm(10行)

领、前衣襟
2.7mm棒针　后领挑38针
双罗纹编织
前领挑30针
3cm(12行)
16针
衣襟挑77针
纽扣位置
4针
3cm(12行)
★＝6cm(19针)

糖果
3.3mm棒针　下针编织
9cm（30行）
7cm（20针）起针

衣身片与袖片配色：按粉色、黄色、蓝色、白色、绿色顺序各织10行重复往上织。

3.3mm棒针　上下针编织
蝴蝶结
2.5cm(10行)
4.5cm（12针）起针

花样编织

袖片
3.3mm棒针　下针编织
12cm（34针）
（-20针）1-1-2 4-2-7 留4针
26.5cm（74针）
（+9针）平6行 6-1-4 4-1-5
20cm（56针）
9cm（30行）
14.5cm（50行）
每9针加1针加1次
每8针加1针加4次
每9针加1针加1次
双罗纹编织 2.7mm棒针
15.5cm（50针）起针
2.5cm(10行)

NO.34

灰色菱格花样背心

彩图见 第68页

材料：

中粗羊毛线米色150g，黑色适量，直径为10mm的纽扣5颗，其他饰扣若干

工具：

2.7mm、3.3mm棒针，1.75/0号钩针

成品尺寸：

衣长32.5cm、胸围64cm、背肩宽23.5cm

编织密度：

3.3mm棒针 花样编织A、B，上下针编织，下针编织 30针×38行/10cm

2.7mm棒针 上下针编织 32针×50行/10cm

结构图

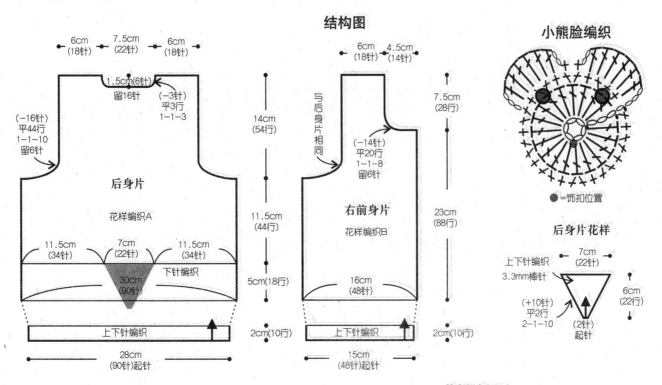

6cm (18针) 7.5cm (22针) 6cm (18针)

1.5cm(6针) 留16针

(−3针) 平3行 1-1-3

(−16针) 平44行 1-1-10 留6针

后身片

花样编织A

11.5cm (34针) 7cm (22针) 11.5cm (34针)

30针 (90针) 下针编织

上下针编织

28cm (90针)起针

14cm (54行)

11.5cm (44行)

5cm(18行)

2cm(10行)

6cm (18针) 4.5cm (14针)

与后身片相同

(−14针) 平20行 1-1-8 留6针

右前身片

花样编织B

16cm (48针)

上下针编织

15cm (48针)起针

7.5cm (28行)

23cm (88行)

2cm(10行)

小熊脸编织

●=饰扣位置

后身片花样

上下针编织
3.3mm棒针

7cm (22针)

(+10针) 平2行 2-1-10

(2针) 起针

6cm (22行)

款式图

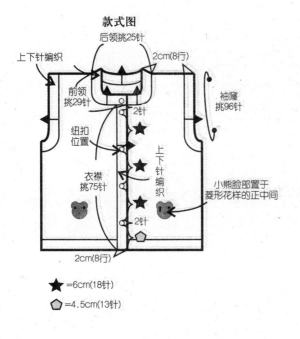

后领挑25针

上下针编织

2cm(8行)

前领挑29针

2针

纽扣位置

衣襟挑75针

上下针编织

2针

2cm(8行)

袖窿挑96针

小熊脸部置于菱形花样的正中间

★=6cm(18针)

⬠=4.5cm(13针)

花样编织A

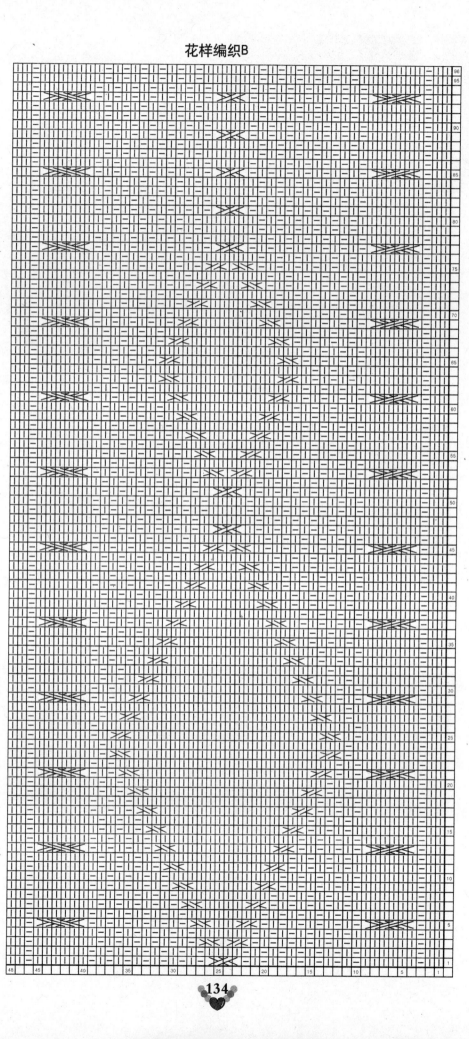

NO.35
深灰色波浪边背心
彩图见　第69页

材料：
中粗羊毛线米色50g、圈圈呢深灰色100g，直径为20mm的纽扣3颗，饰扣2颗

工具：
3.3mm、4.2mm棒针，1.75/0号钩针

成品尺寸：
衣长33cm、胸围62cm、背肩宽22cm

编织密度：
3.3mm棒针　花样编织、下针编织、单罗纹编织
36针×39行/10cm
4.2mm棒针　下针编织　16针×30行/10cm

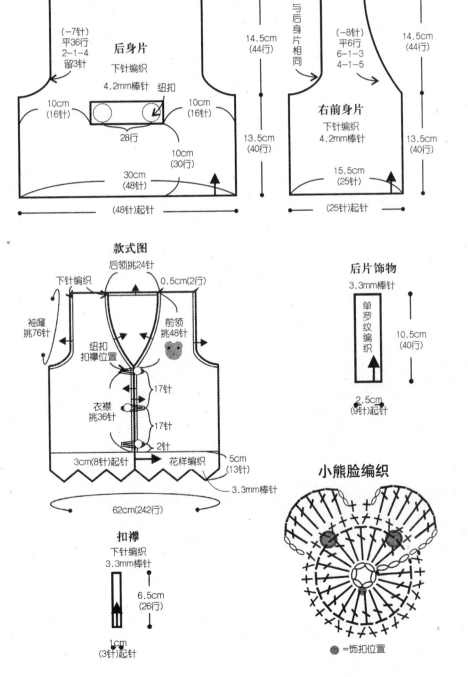

结构图

后身片
下针编织
4.2mm棒针　纽扣

6cm（10针）　9cm（14针）　6cm（10针）
（-7针）平36行 2-1-4 留3针
14.5cm（44行）
13.5cm（40行）
10cm（16针）　10cm（16针）
28行
10cm（30行）
30cm（48针）
（48针）起针

右前身片
下针编织
4.2mm棒针

6cm（10针）　5cm（8针）
与后身片相同
（-8针）平6行 6-1-3 4-1-5
14.5cm（44行）
13.5cm（40行）
15.5cm（25针）
（25针）起针

款式图

下针编织
后领挑24针　0.5cm（2行）
前领挑48针
袖窿挑76针
纽扣扣襻位置
17针
17针
衣襟挑36针
2针
3cm（8针）起针　花样编织　5cm（13针）
3.3mm棒针
62cm（242行）

扣襻
下针编织
3.3mm棒针
6.5cm（26行）
1cm（3针）起针

后片饰物
3.3mm棒针

单罗纹编织
10.5cm（40行）
2.5cm（9针）起针

小熊脸编织

●=饰扣位置

花样编织

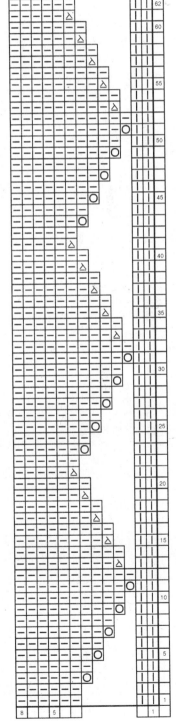

NO.36
黄色简约套头衫
彩图见　第70页

材料：
中粗羊毛线黄色200g，直径为10mm的纽扣4颗

工具：
3.3mm、3.6mm棒针

成品尺寸：
衣长36.5cm、胸围61cm、背肩宽23cm、袖长33cm

编织密度：
3.6mm棒针 花样编织、上下针编织、下针编织
26针×36行/10cm
3.0mm棒针 上下针编织　28针×40行/10cm

结构图

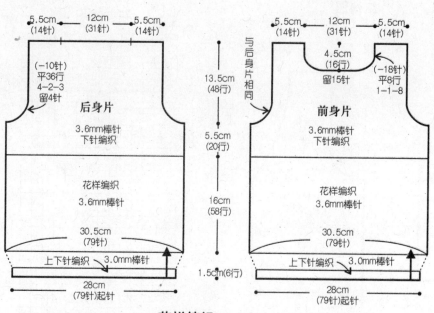

5.5cm (14针)　12cm (31针)　5.5cm (14针)

（-10针）
平36行
4-2-3
留4针

后身片
3.6mm棒针
下针编织

花样编织
3.6mm棒针

30.5cm (79针)

上下针编织　3.0mm棒针

28cm (79针)起针

与后身片相同

5.5cm (14针)　12cm (31针)　5.5cm (14针)

4.5cm (16行)
留15针

（-18针）
平8行
1-1-8

前身片
3.6mm棒针
下针编织

花样编织
3.6mm棒针

30.5cm (79针)

上下针编织　3.0mm棒针

28cm (79针)起针

13.5cm (48行)

5.5cm (20行)

16cm (58行)

1.5cm(6行)

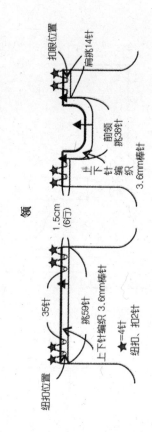

领

扣眼位置　肩挑14针

前领
挑38针

上下针编织
3.6mm棒针

1.5cm (6行)

35针

挑59针　上下针编织 3.6mm棒针

纽扣、扣2针

=4针

纽扣位置

花样编织

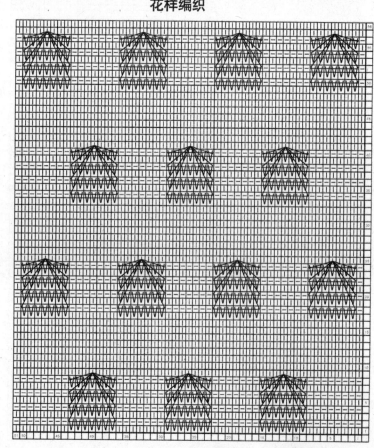

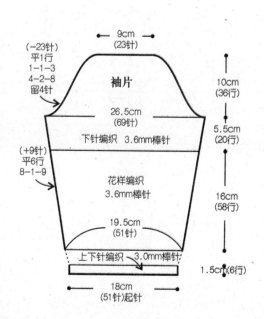

9cm (23针)

（-23针）
平1行
1-1-3
4-2-8
留4针

袖片

26.5cm (69针)

下针编织　3.6mm棒针

（+9针）
平6行
8-1-9

花样编织
3.6mm棒针

19.5cm (51针)

上下针编织　3.0mm棒针

18cm (51针)起针

10cm (36行)

5.5cm (20行)

16cm (58行)

1.5cm(6行)

NO.37
墨绿色大口袋短裙
彩图见　第71页

材料：
中粗羊毛线墨绿色150g，白色适量，长方形纽扣2颗

工具：
3.3mm、3.6mm棒针，2.5/0号钩针

成品尺寸：
裙长44.5cm、腰围57cm、臀围61cm

编织密度：
3.6mm棒针　下针编织　28针×34行/10cm
双罗纹编织　30针×34行/10cm
3.2mm棒针　花样编织　28针×36行/10cm

结构图

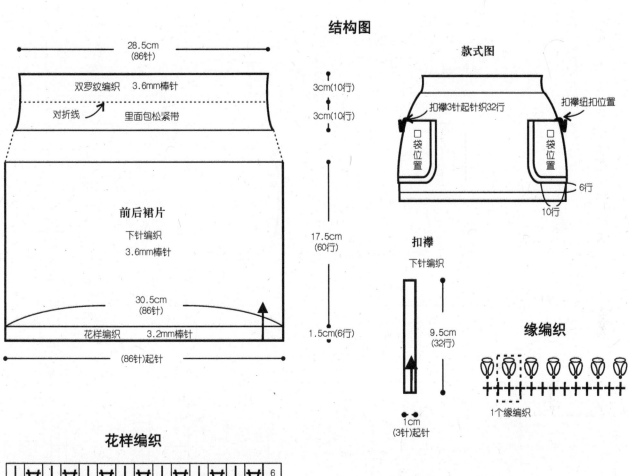

28.5cm（86针）

双罗纹编织　3.6mm棒针

对折线　里面包松紧带

3cm（10行）
3cm（10行）

前后裙片

下针编织

3.6mm棒针

17.5cm（60行）

30.5cm（86针）

花样编织　3.2mm棒针

1.5cm（6行）

（86针）起针

款式图

扣襻3针起针织32行　扣襻纽扣位置

口袋位置　口袋位置

6行
10行

扣襻

下针编织

9.5cm（32行）

1cm（3针）起针

缘编织

1个缘编织

花样编织

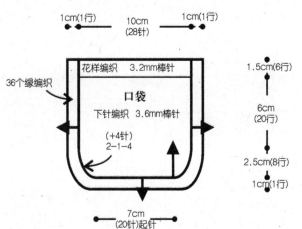

6
5
3
1
14　10　5　1

1cm（1行）　10cm（28针）　1cm（1行）

花样编织　3.2mm棒针

36个缘编织

口袋

下针编织　3.6mm棒针

（+4针）
2-1-4

7cm（20针）起针

1.5cm（6行）
6cm（20行）
2.5cm（8行）
1cm（1行）

NO.38
蓝色蝴蝶结小短裙
彩图见 第72页

材料:

中粗羊毛线深蓝色150g、玫红色50g,边长为20mm的方形纽扣5颗,其他饰珠适量

工具:

2.7mm、3.3mm棒针

成品尺寸:

裤长22cm、腰围47cm、臀围61cm

编织密度:

3.3mm棒针 下针编织 28针×40行/10cm
2.7mm棒针 花样编织A～C 32针×50行/10cm

结构图

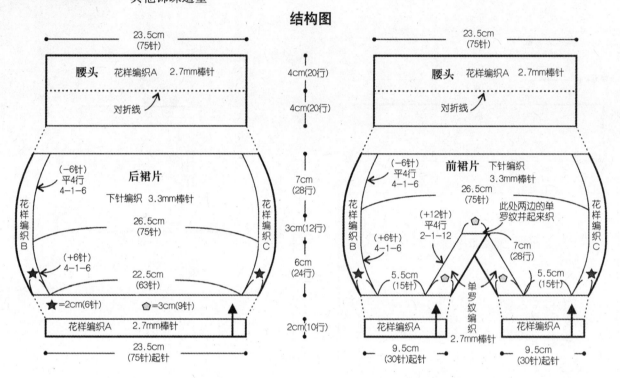

蝴蝶结

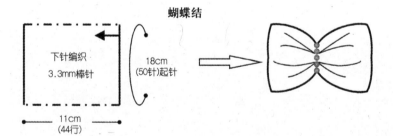

花样编织B

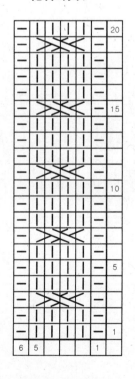

花样编织C

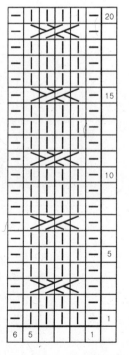

款式图

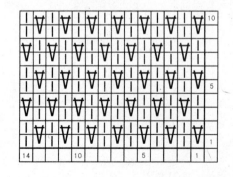

花样编织A

NO.39

浅紫色小圆球开衫

彩图见 第73页

材料：

中粗羊毛线淡紫色200g，直径为15mm的纽扣5颗

工具：

2.7mm、3.3mm棒针

成品尺寸：

衣长34cm、胸围64.5cm、背肩宽25.5cm、袖长28cm

编织密度：

3.3mm棒针 花样编织A～C、下针编织

28针×40行/10cm

2.7mm棒针 上下针编织 32针×44行/10cm

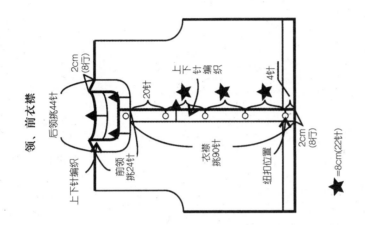

花样编织D

结构图

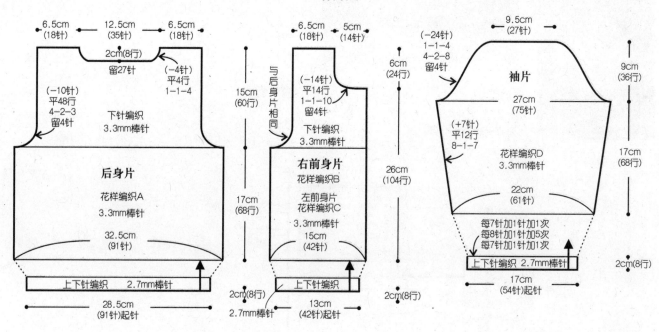

6.5cm (18针) 　12.5cm (35针) 　6.5cm (18针)

2cm(8行)
留27针

(−4针)
平4行
1-1-4

(−10针)
平48行
4-2-3
留4针

下针编织
3.3mm棒针

后身片

花样编织A
3.3mm棒针

32.5cm
(91针)

上下针编织　2.7mm棒针

28.5cm
(91针)起针

15cm
(60行)

17cm
(68行)

2cm(8行)

6.5cm (18针)　5cm (14针)

与后身片相同

(−14针)
平14行
1-1-10
留4针

下针编织
3.3mm棒针

右前身片
花样编织B

左前身片
花样编织C

3.3mm棒针
15cm
(42针)

上下针编织
2.7mm棒针

13cm
(42针)起针

6cm
(24行)

26cm
(104行)

2cm(8行)

9.5cm
(27针)

(−24针)
1-1-4
4-2-8
留4针

袖片

27cm
(75针)

(+7针)
平12行
8-1-7

花样编织D
3.3mm棒针

22cm
(61针)

每7针加1针加1次
每8针加1针加5次
每7针加1针加1次

上下针编织　2.7mm棒针

17cm
(54针)起针

9cm
(36行)

17cm
(68行)

2cm(8行)

花样编织A、B、C

花样编织C

花样编织B

140

NO.40
立体椰子树图案套头衫
彩图见 第74页

材料：
中粗羊毛线鹅黄色175g，绿色、咖啡色、白色各适量

工具：
3.2mm、3.6mm棒针，1.75/0号钩针

成品尺寸：
衣长39.5cm、胸围66cm、背肩宽25.5cm、袖长31cm

编织密度：
3.6mm棒针 花样编织A、C、D，上下针编织
26针×36行/10cm
3.2mm棒针 花样编织B 28针×40行/10cm

结构图

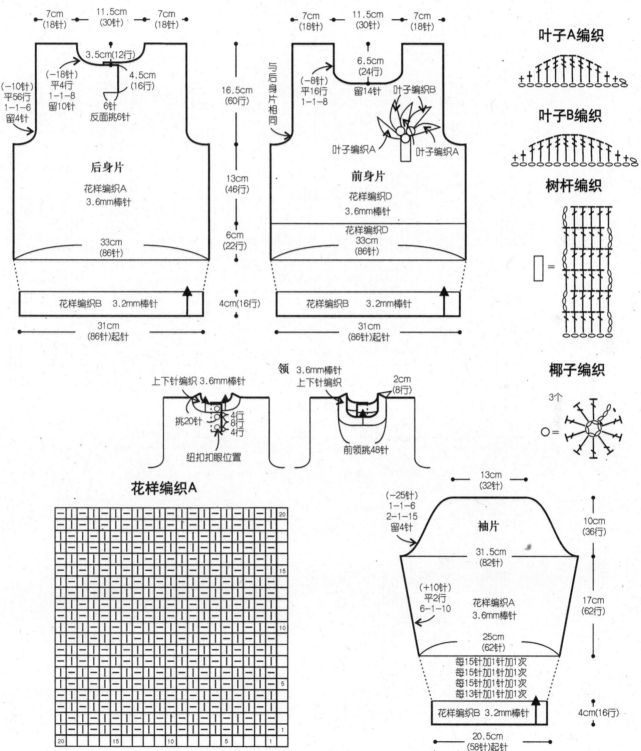

叶子A编织

叶子B编织

树杆编织

椰子编织
3个
○ =

7cm (18针) 11.5cm (30针) 7cm (18针)

3.5cm(12行)

(−18针) 平4行 1−1−8 留10针
4.5cm (16行)
6针 反面挑6针

(−10针) 平56行 1−1−6 留4针

16.5cm (60行)

后身片
花样编织A
3.6mm棒针

13cm (46行)

33cm (86针)

6cm (22行)

花样编织B 3.2mm棒针

31cm (86针)起针

4cm(16行)

7cm (18针) 11.5cm (30针) 7cm (18针)

与后身片相同

6.5cm (24行)

(−8针) 平16行 1−1−8
留14针

叶子编织B
叶子编织A 叶子编织A

前身片
花样编织D
3.6mm棒针

花样编织D
33cm (86针)

花样编织B 3.2mm棒针

31cm (86针)起针

领 3.6mm棒针
上下针编织 3.6mm棒针
挑20针
4行 8行 4行
纽扣扣眼位置

上下针编织
2cm (8行)
前领挑48针

花样编织A

13cm (32针)

(−25针) 1−1−6 2−1−15 留4针

袖片

10cm (36行)

31.5cm (82针)

(+10针) 平2行 6−1−10

花样编织A
3.6mm棒针

17cm (62行)

25cm (62针)

每15针加1针加1次
每15针加1针加1次
每15针加1针加1次
每13针加1针加1次

花样编织B 3.2mm棒针

4cm(16行)

20.5cm (58针)起针

花样编织B

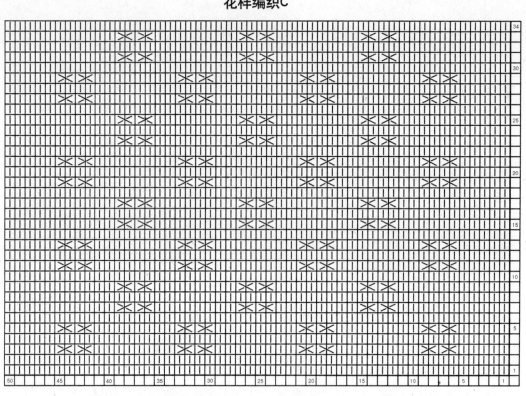

花样编织C

花样编织D

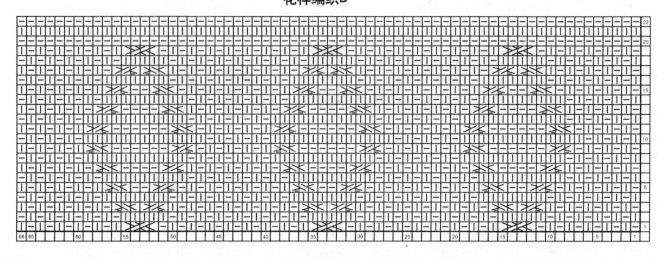

NO.41

绿色立体小猫口袋套头衫

彩图见　第75页

材料：

中粗羊毛线绿色200g，灰色、褐色、黄色各适量，直径为20mm的纽扣10颗

工具：

3.0mm、3.3mm棒针

成品尺寸：

衣长35.5cm、胸围63cm、背肩宽23cm、袖长26cm

编织密度：

3.3mm棒针　花样编织A～H、上下针编织、
下针编织　29针×42行/10cm
3.0mm棒针　上下针编织　34针×42行/10cm

结构图

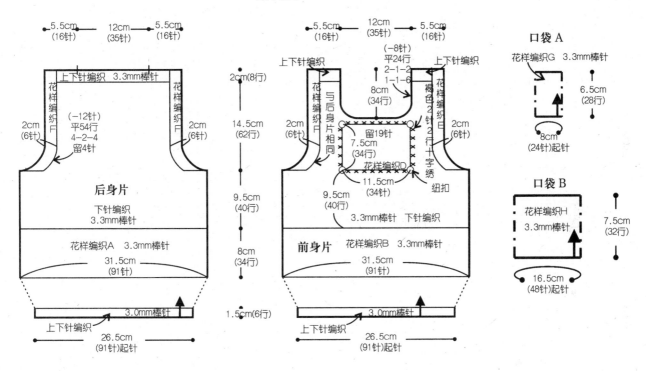

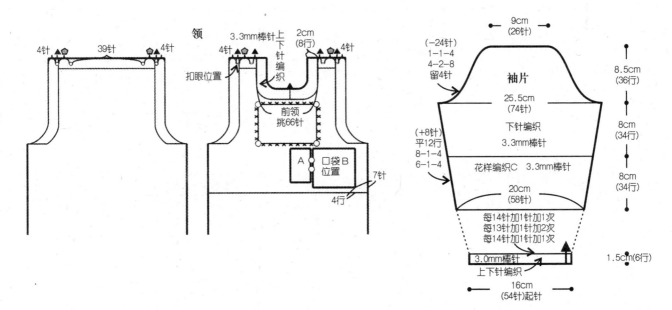

143

花样编织A

□=绿色下针编织

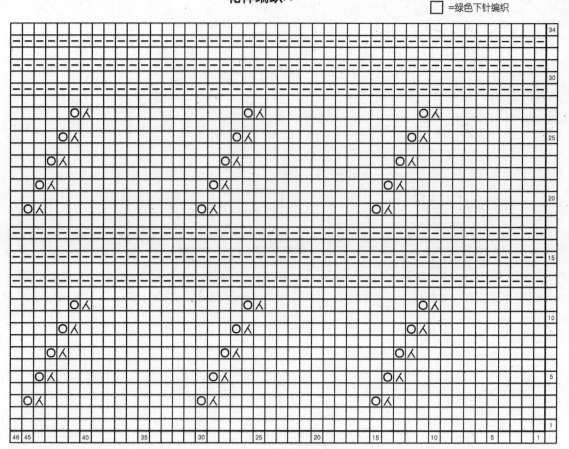

花样编织B

□=绿色下针编织　　　Y=黄色十字绣　　　W=褐色十字绣　　　X=灰色十字绣

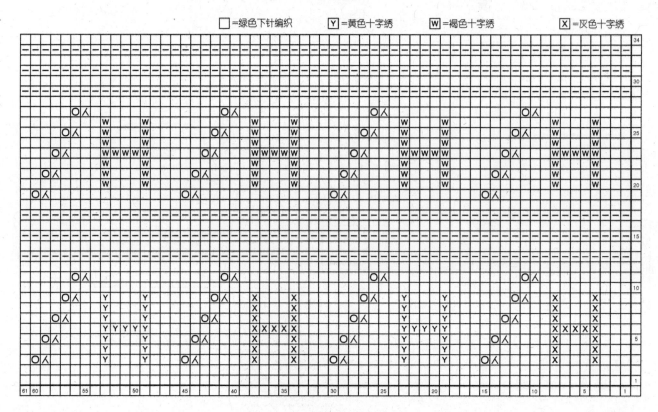

花样编织C

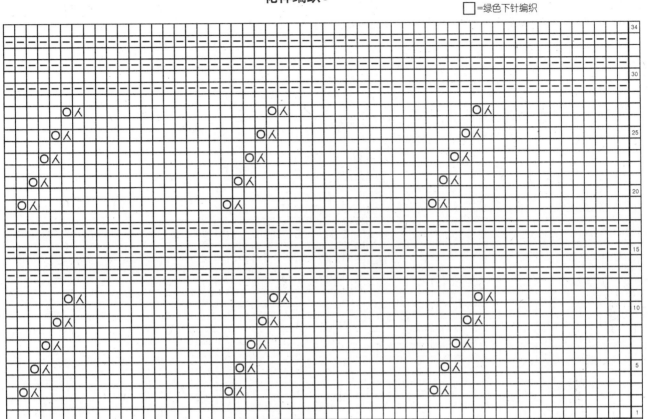

花样编织D

花样编织E   花样编织F

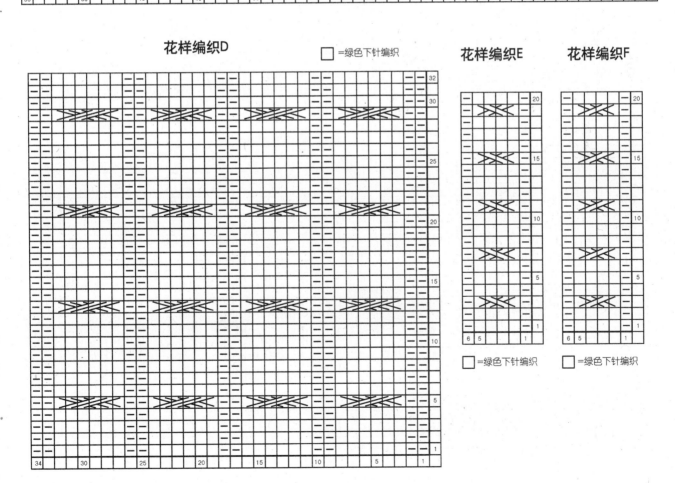

花样编织G

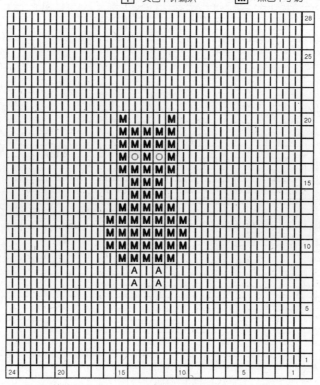

花样编织H

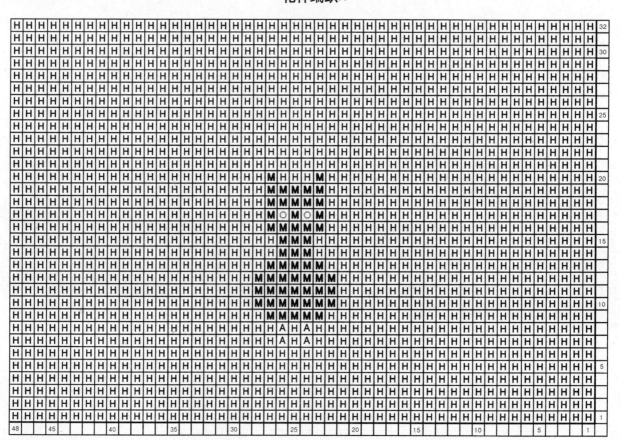

NO.42
米色菱格花开衫
彩图见　第76页

工具：
3.6mm棒针

成品尺寸：
衣长39cm、胸围68cm、背肩宽23.5cm、袖长32.5cm

材料：
中粗羊毛线米色400g，深灰色、绿色、白色各适量，直径为20mm的纽扣5颗

编织密度：
花样编织A～C、下针编织、双罗纹编织
26针×35行/10cm

结构图

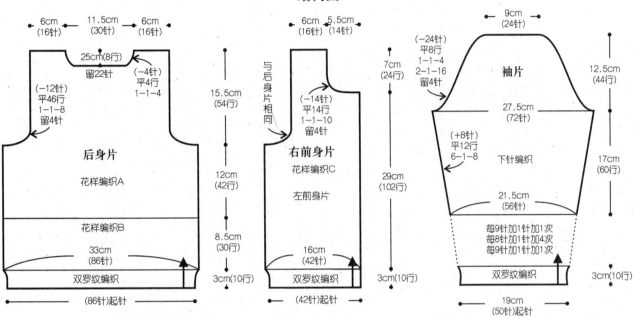

花样编织A

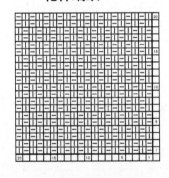

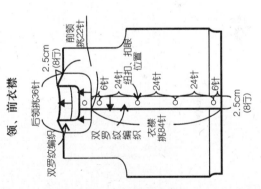

花样编织B

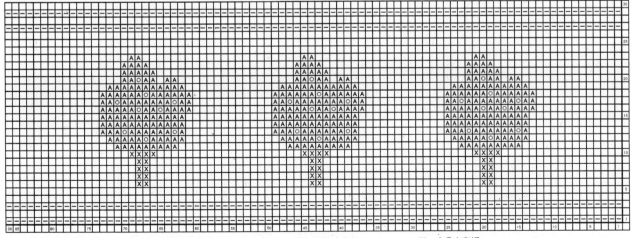

□=米色下针编织　　　図=深灰色十字绣　　　A=绿色十字绣　　　回=白色十字绣

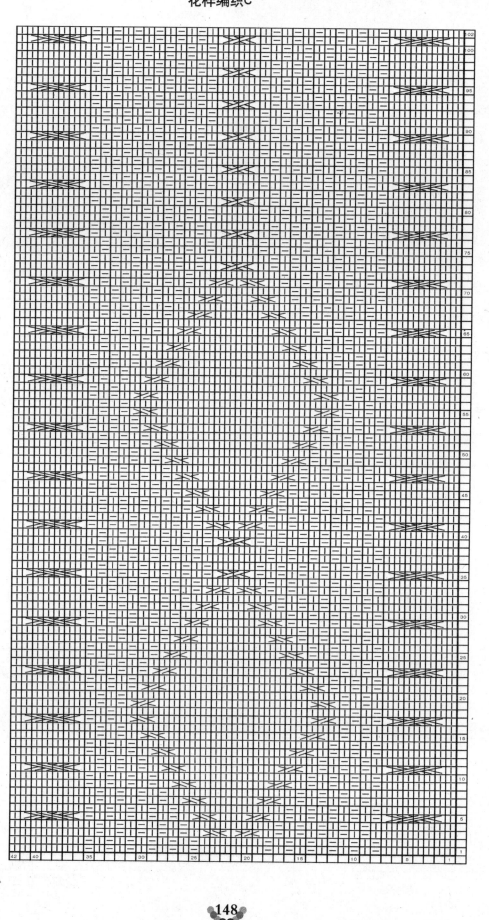

NO.43
蓝白色条纹套头衫
彩图见　第77页

材料：
中粗羊毛线白色100g、蓝色150g、
绿色50g，饰扣4颗

工具：
2.7mm、3.3mm棒针，1.75/0号钩针

成品尺寸：
衣长33.5cm、胸围59cm、背肩宽21.5cm、袖长29cm

编织密度：
3.3mm棒针 花样编织A、B、下针编织
29针×38行/10cm
上下针编织　29针×51行/10cm
2.7mm棒针 单罗纹编织、上下针编织
34针×40行/10cm

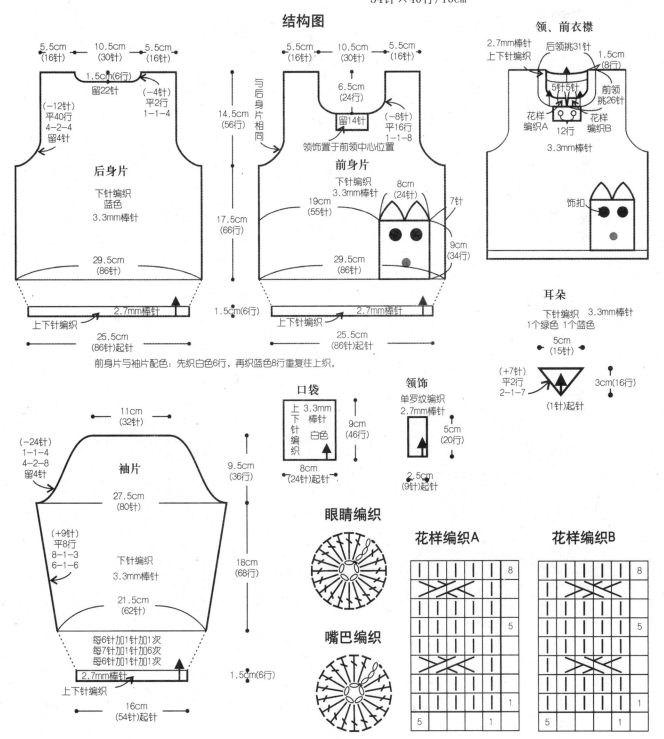

NO.44
蓝色绒线花朵扣背心
彩图见　第78页

材料：
中粗羊毛线米色50g，圈圈线蓝色100g，牛角扣2颗，串珠2颗

工具：
3.9mm、4.5mm棒针，1.75/0号钩针

成品尺寸：
衣长33.5cm、胸围61cm、背肩宽22cm

编织密度：
4.5mm棒针 下针编织　16针×28行/10cm
3.9mm棒针 花样编织、下针编织　21针×26行/10cm

结构图

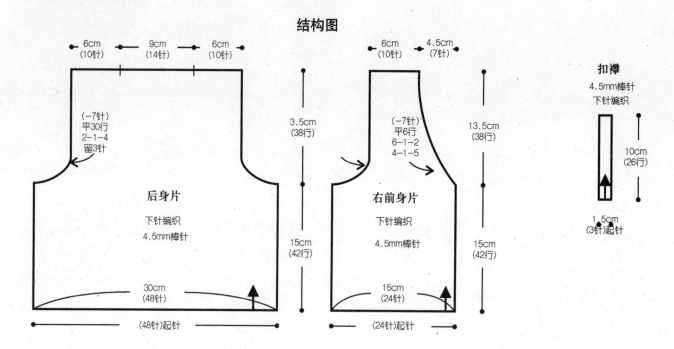

6cm（10针）　9cm（14针）　6cm（10针）

6cm（10针）　4.5cm（7针）

扣襻
4.5mm棒针
下针编织

（−7针）平30行 2-1-4 留3针

3.5cm（38行）

（−7针）平6行 6-1-2 4-1-5

13.5cm（38行）

10cm（26行）

后身片
下针编织
4.5mm棒针

右前身片
下针编织
4.5mm棒针

15cm（42行）

15cm（42行）

1.5cm（3针）起针

30cm（48针）

15cm（24针）

（48针）起针

（24针）起针

饰花编织

● =串珠位置

款式图

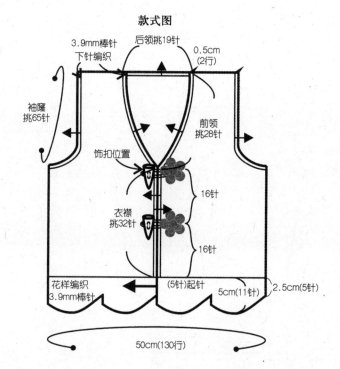

3.9mm棒针 下针编织

后领挑19针

0.5cm（2行）

袖隆挑65针

前领挑28针

饰扣位置

16针

衣襟挑32针

16针

花样编织 3.9mm棒针

（5针）起针

5cm（11针）

2.5cm（5针）

50cm（130行）

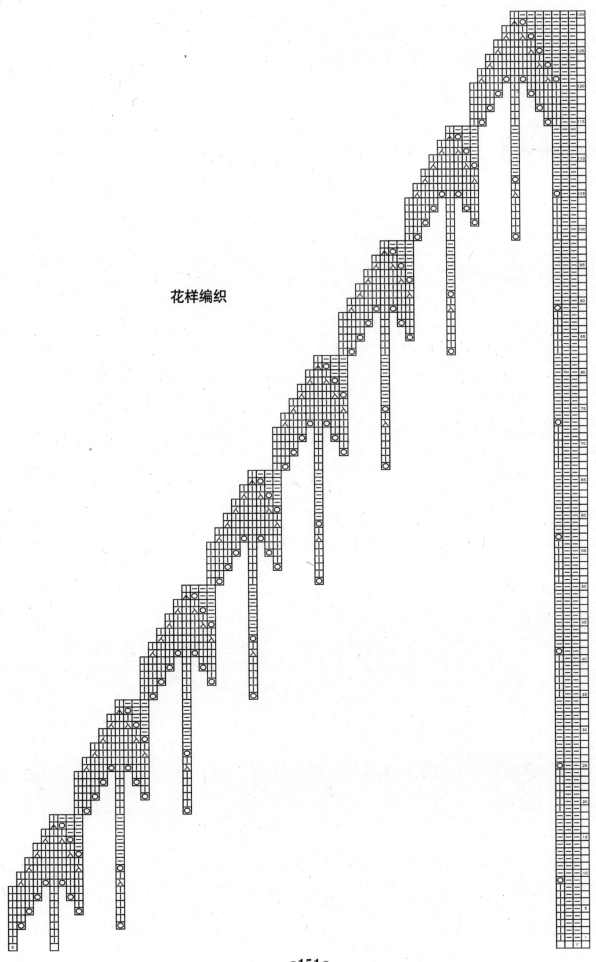

花样编织

NO.45
紫色叶子图案开衫
彩图见　第79页

材料：
中粗羊毛线深紫色200g，直径为
15mm的纽扣5颗

工具：
3.0mm、3.3mm棒针

成品尺寸：
衣长34.5cm、胸围59.5cm、背肩宽21.5cm、
袖长28cm

编织密度：
花样编织A、上下针编织
31针×45行/10cm
花样编织B、C、D　34针×40行/10cm

结构图

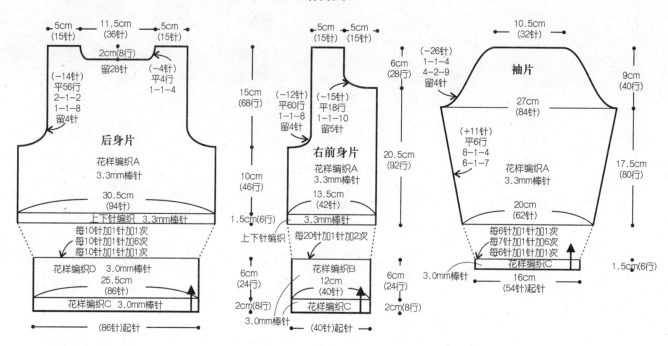

后身片
5cm（15针）　11.5cm（36针）　5cm（15针）
2cm（8行）
留28针
（−14针）平56行 2−1−2 1−1−8 留4针
（−4针）平4行 1−1−4
花样编织A 3.3mm棒针
30.5cm（94针）
上下针编织　3.3mm棒针
每10针加1针加1次
每10针加1针加6次
每10针加1针加1次
花样编织D　3.0mm棒针
25.5cm（86针）
花样编织C　3.0mm棒针
（86针）起针

右前身片
15cm（68行）
10cm（46行）
1.5cm（6行）
5cm（15针）　5cm（15针）
（−12针）平60行 1−1−8 留4针
（−15针）平18行 1−1−10 留5针
花样编织A 3.3mm棒针
13.5cm（42针）
3.3mm棒针
上下针编织
每20针加1针加2次
花样编织B 12cm（40针）
6cm（24行）
2cm（8行）
花样编织C
3.0mm棒针
（40针）起针

6cm（28行）
20.5cm（92行）
6cm（24行）
2cm（8行）

袖片
10.5cm（32针）
（−26针）1−1−4 4−2−9 留4针
27cm（84针）
（+11针）平6行 8−1−4 6−1−7
花样编织A 3.3mm棒针
20cm（62针）
9cm（40行）
17.5cm（80行）
1.5cm（6行）
每6针加1针加1次
每7针加1针加6次
每6针加1针加1次
花样编织C
3.0mm棒针
16cm（54针）起针

花样编织D

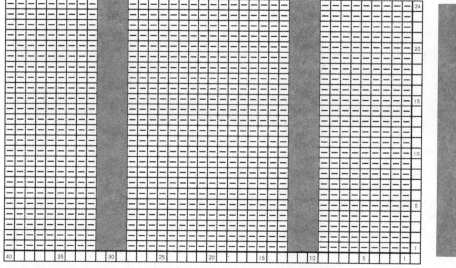

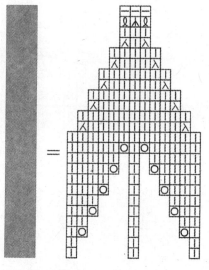

花样编织A

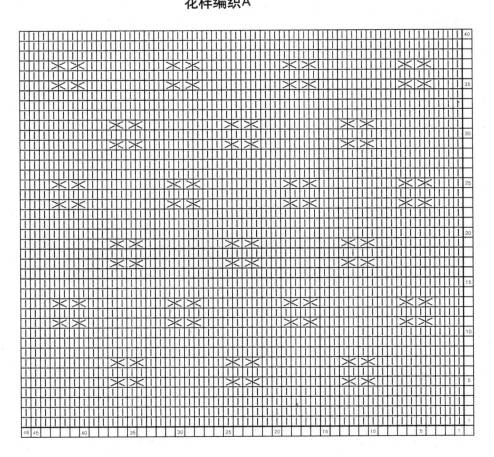

领、前衣襟、袖窿

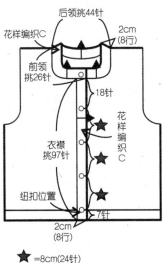

后领挑44针

花样编织C

2cm
(8行)

前领
挑26针

18针

衣襟
挑97针

花样
编织
C

纽扣位置

7针

2cm
(8行)

★ =8cm(24针)

花样编织C

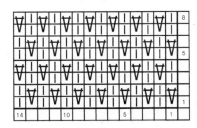

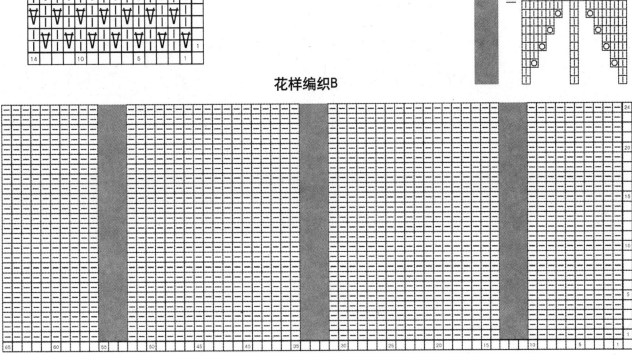

花样编织B

NO.46

白色绿色配色带帽开衫

彩图见 第80页

材料：

中粗羊毛线军绿色100g、白色250g，牛角扣3颗，其他饰扣适量

工具：

3.9mm、4.2mm棒针，1.75/0号钩针

成品尺寸：

衣长36.5cm、胸围61cm、肩袖长38cm

编织密度：

4.2mm棒针 下针编织、单罗纹编织

23针×26行/10cm

3.9mm棒针 花样编织 27针×32行/10cm

结构图

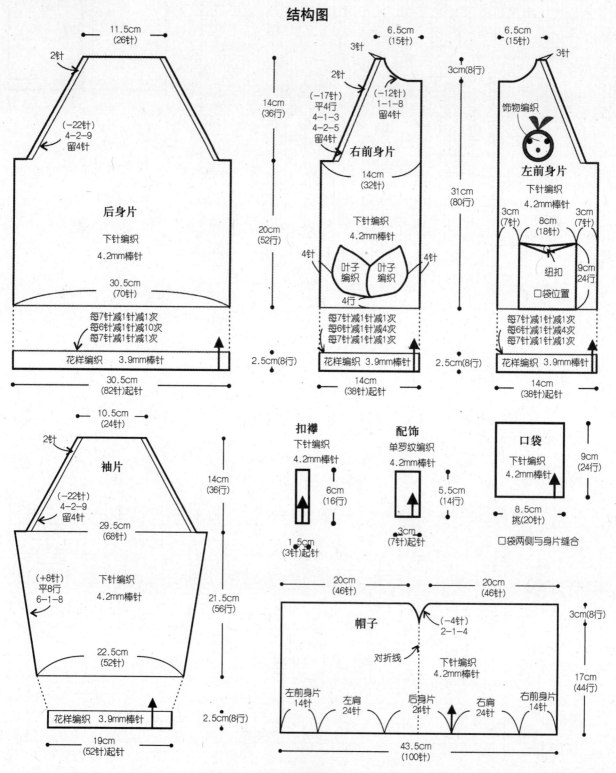

后身片

11.5cm（26针）

2针

（-22针）4-2-9 留4针

后身片

下针编织 4.2mm棒针

30.5cm（70针）

每7针减1针减1次

每6针减1针减10次

每7针减1针减1次

花样编织 3.9mm棒针

30.5cm（82针）起针

14cm（36行）

20cm（52行）

2.5cm(8行)

右前身片

6.5cm（15针）

3针

2针

（-17针）平4行 4-1-3 4-2-5 留4针

（-12针）1-1-8 留4针

右前身片

14cm（32针）

下针编织 4.2mm棒针

叶子编织 叶子编织

4针 4针

4行

每7针减1针减1次

每6针减1针减4次

每7针减1针减1次

花样编织 3.9mm棒针

14cm（38针）起针

2.5cm(8行)

左前身片

6.5cm（15针）

3针

3cm(8行)

31cm（80行）

饰物编织

左前身片

下针编织 4.2mm棒针

3cm（7针）

8cm（18针）

3cm（7针）

纽扣

9cm 24行

口袋位置

每7针减1针减1次

每6针减1针减4次

每7针减1针减1次

花样编织 3.9mm棒针

14cm（38针）起针

袖片

10.5cm（24针）

2针

（-22针）4-2-9 留4针

袖片

29.5cm（68针）

（+8针）平8行 6-1-8

下针编织 4.2mm棒针

22.5cm（52针）

花样编织 3.9mm棒针

19cm（52针）起针

14cm（36行）

21.5cm（56行）

2.5cm(8行)

扣襻

下针编织 4.2mm棒针

6cm（16行）

1.5cm（3针）起针

配饰

单罗纹编织 4.2mm棒针

5.5cm（14行）

3cm（7针）起针

口袋

下针编织 4.2mm棒针

8.5cm 挑（20针）

9cm（24行）

口袋两侧与身片缝合

帽子

20cm（46针）

20cm（46针）

（-4针）2-1-4

对折线

帽子

下针编织 4.2mm棒针

左前身片 14针

左肩 24针

后身片 24针

右肩 24针

右前身片 14针

43.5cm（100针）

3cm(8行)

17cm（44行）

154

花样编织

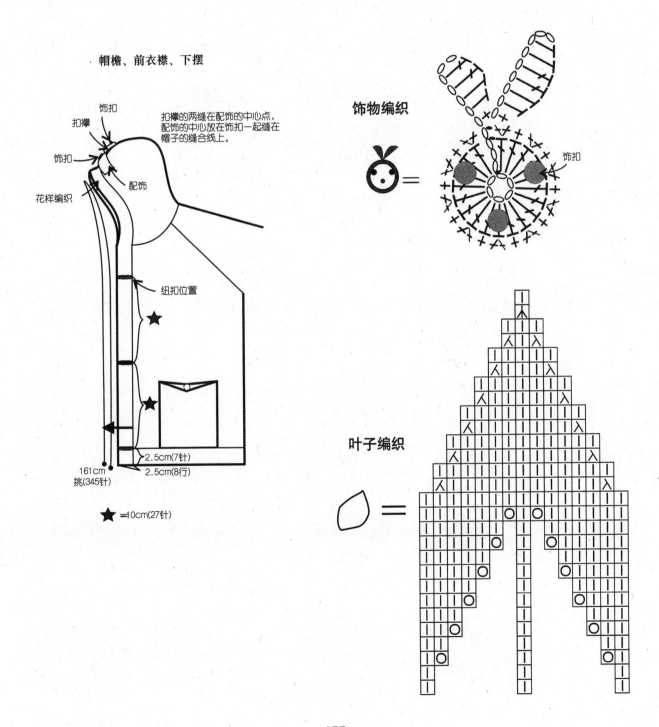

帽檐、前衣襟、下摆

饰扣
扣襻
饰扣
花样编织

扣襻的两缝在配饰的中心点，
配饰的中心放在饰扣一起缝在
帽子的缝合线上。

配饰

纽扣位置

2.5cm(7针)
2.5cm(8行)

161cm
挑(345针)

★ =10cm(27针)

饰物编织

饰扣

叶子编织

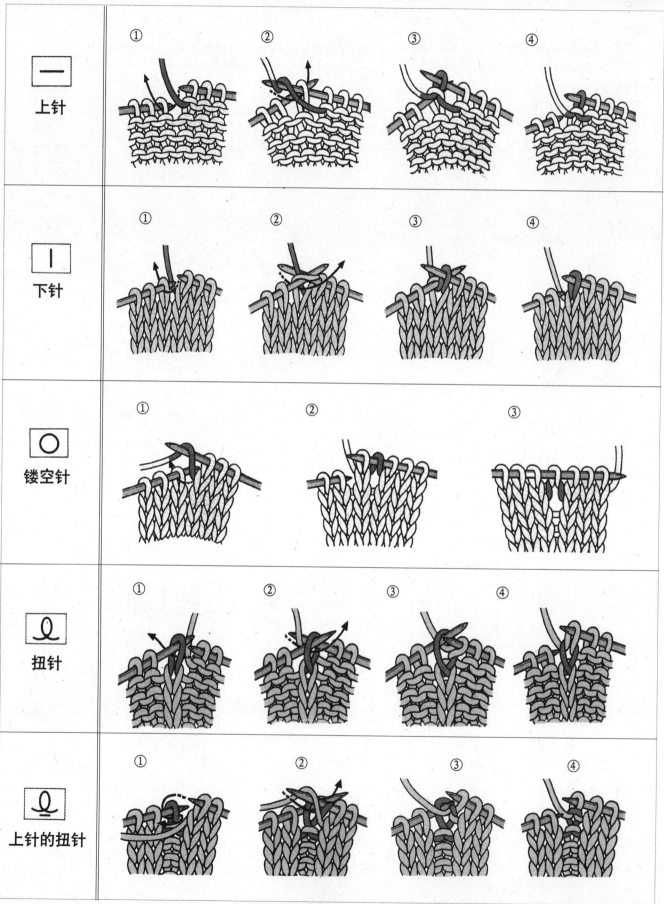

		①	②	③	④
―	上针				
Ｉ	下针				
○	镂空针	①	②	③	
ℓ	扭针				
ℓ	上针的扭针				

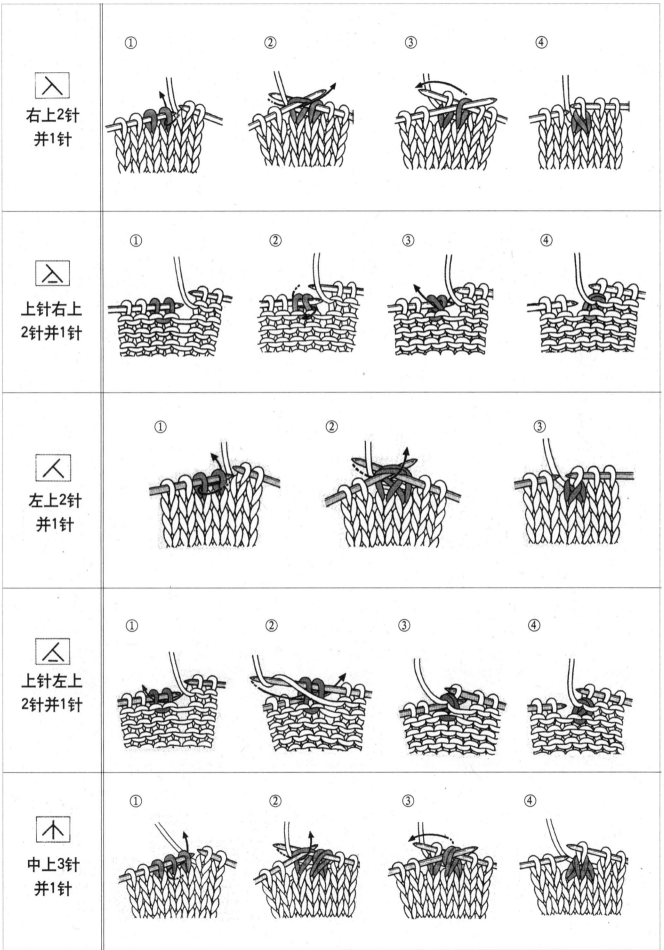

	①	②	③	④
入 右上2针 并1针				
人 上针右上 2针并1针				
人 左上2针 并1针	①	②	③	
人 上针左上 2针并1针				
木 中上3针 并1针				

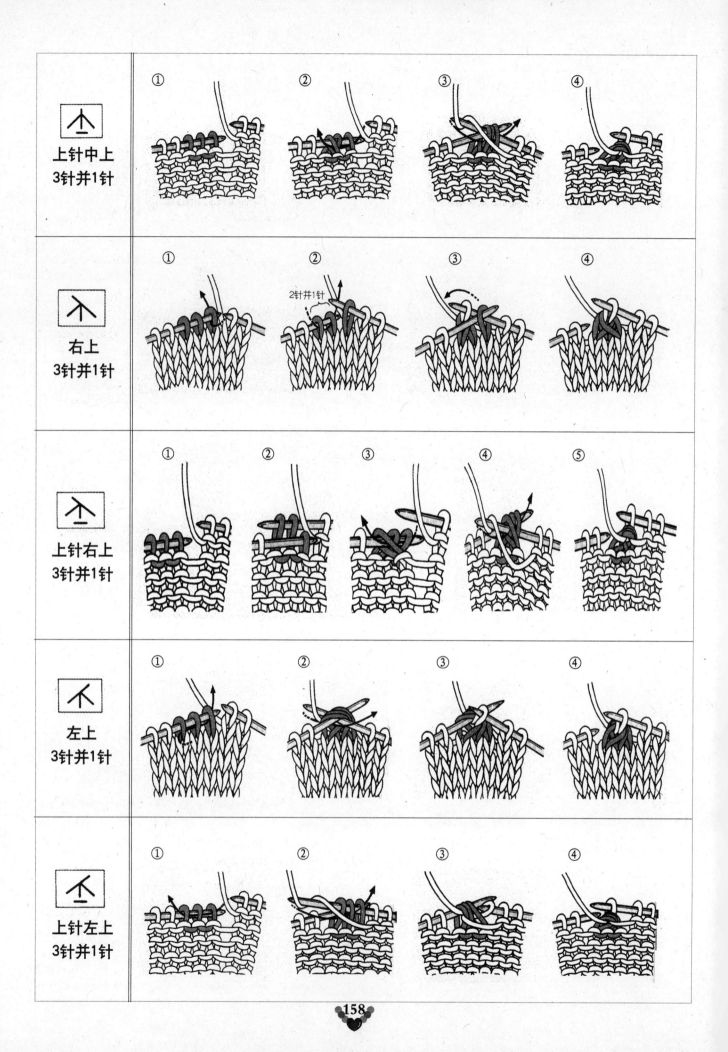

上针中上 3针并1针	①	②	③	④
右上 3针并1针	①	② 2针并1针	③	④
上针右上 3针并1针	①	②	③	④	⑤
左上 3针并1针	①	②	③	④
上针左上 3针并1针	①	②	③	④

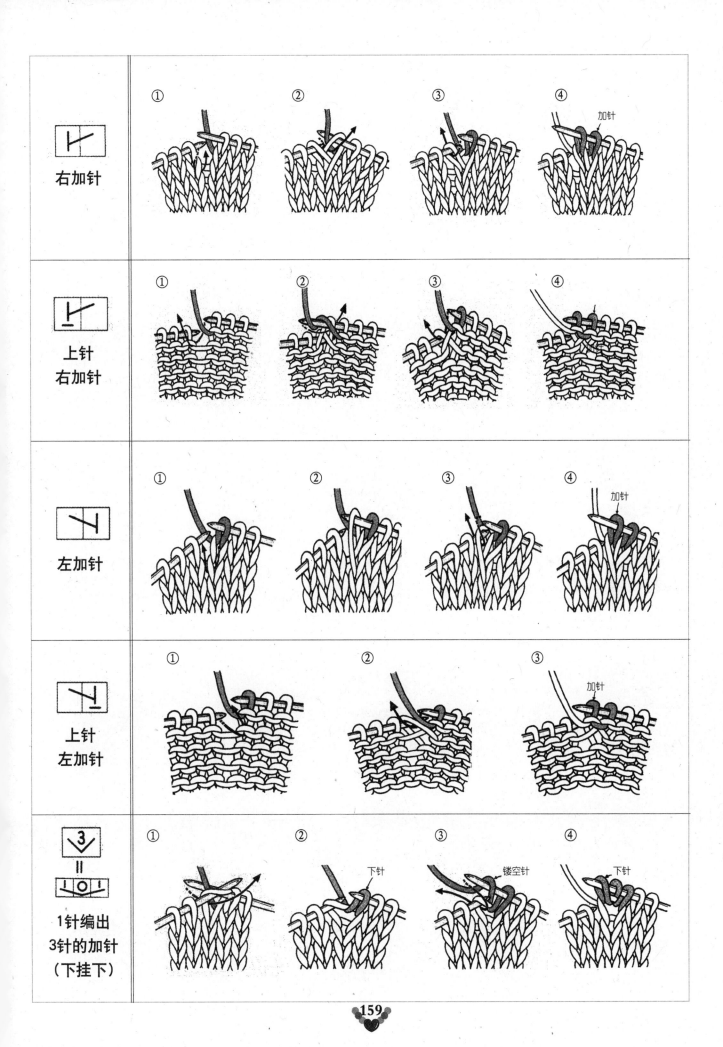

右加针	①	②	③	④ 加针
上针 右加针	①	②	③	④
左加针	①	②	③	④ 加针
上针 左加针	①	②	③ 加针	
1针编出 3针的加针 （下挂下）	①	② 下针	③ 镂空针	④ 下针

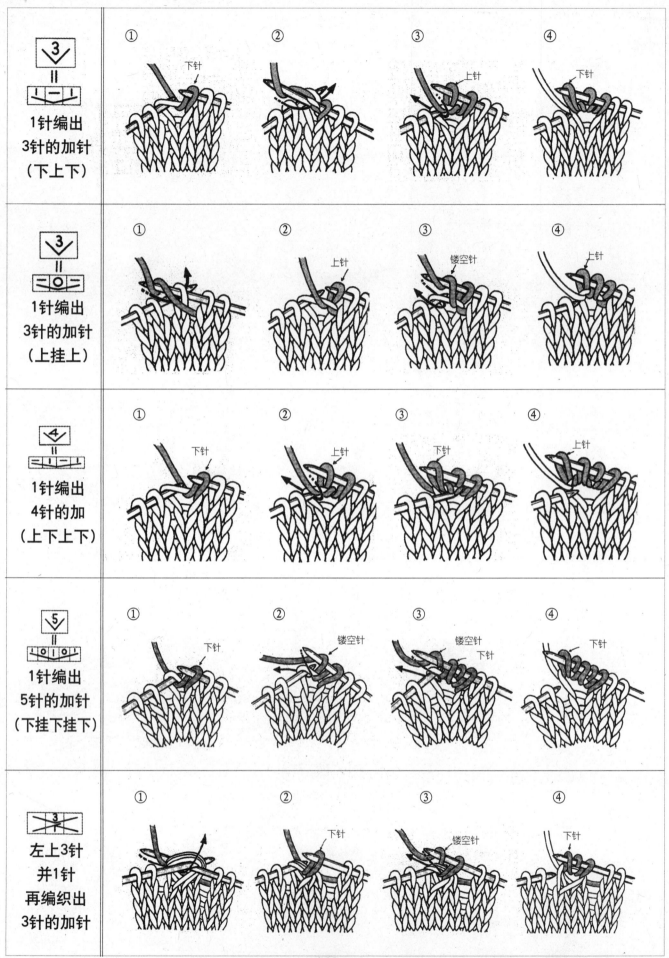

左列说明文字：

1针编出
3针的加针
（下上下）

1针编出
3针的加针
（上挂上）

1针编出
4针的加
（上下上下）

1针编出
5针的加针
（下挂下挂下）

左上3针
并1针
再编织出
3针的加针

图中标注：

第一行：① 下针　② ③ 上针　④ 下针

第二行：① ② 上针　③ 镂空针　④ 上针

第三行：① 下针　② 上针　③ 下针　④ 上针

第四行：① 下针　② 镂空针　③ 镂空针 下针　④ 下针

第五行：① ② 下针　③ 镂空针　④ 下针